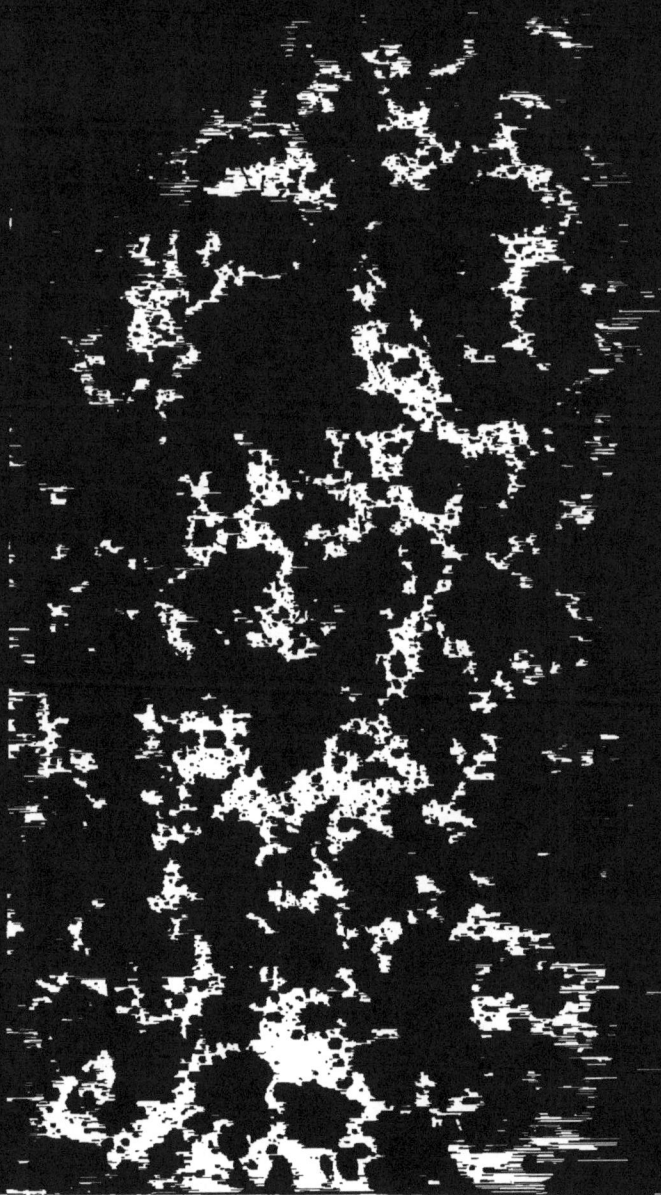

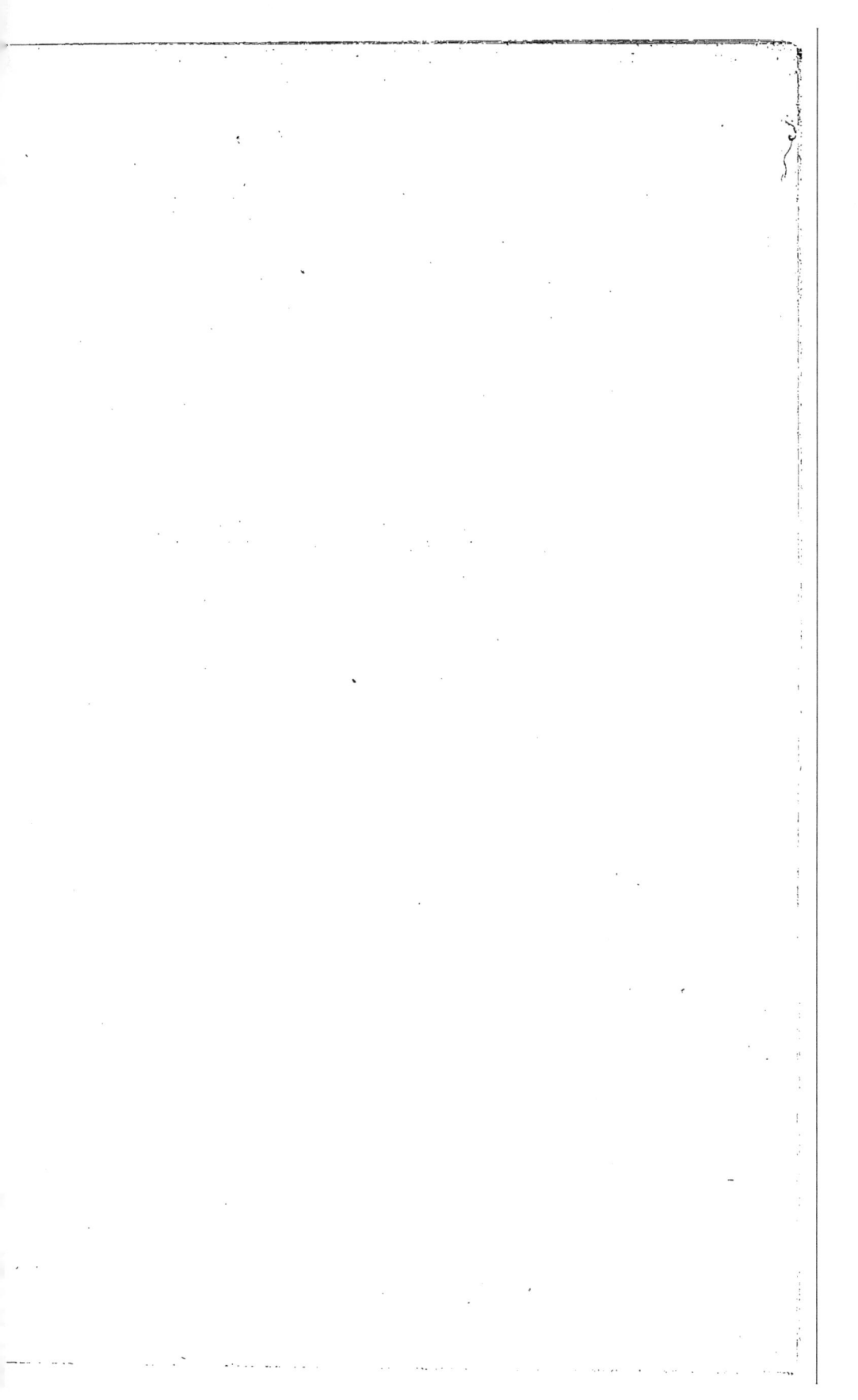

2020

DEUXIÈME PARTIE

DU TRAITÉ DES MAGNANERIES.

ÉDUCATION DU VER-A-SOIE.

OVULATION

DU

BOMBIX SERICARIA

Par J. Charvet,

PROFESSEUR SÉRICICOLE,

Auteur du TRAITÉ DE LA CULTURE DU MURIER,

Membre de la Société d'Agriculture de Grenoble, Membre correspondant
de celle de Genève, et Membre de la Société Séricicole
de France.

(FRAGMENT DU TRAITÉ DES MAGNANERIES, PUBLIÉ PAR ORDRE.)

PARIS,

TYPOGRAPHIE BÉNARD ET COMP.,

PASSAGE DU CAIRE, 2.

1848.

NOTA.

La publication de la préface et d'une partie de la table de cet ouvrage paraîtrait singulière s'il n'était expliqué ici que l'auteur a fait don à la République du manuscrit complet du TRAITÉ DES MAGNANERIES, à une époque où sa publication entière nécessitait, par rapport aux nombreux dessins qui l'accompagnent, outre une dépense considérable, un intervalle de temps qui ne permettait pas de lui donner de l'utilité pour cette année.

Ces deux motifs sont cause de la détermination prise de n'en publier qu'un fragment, traitant de l'ovulation du BOMBIX SERICARIA, lequel fragment peut encore arriver à temps pour être utile à la ponte dès cette année.

Cette préface et cette table peuvent faire connaître l'importance du livre qui, au surplus, sera publié et livré au public avant l'éducation prochaine.

TABLE DES MATIÈRES.

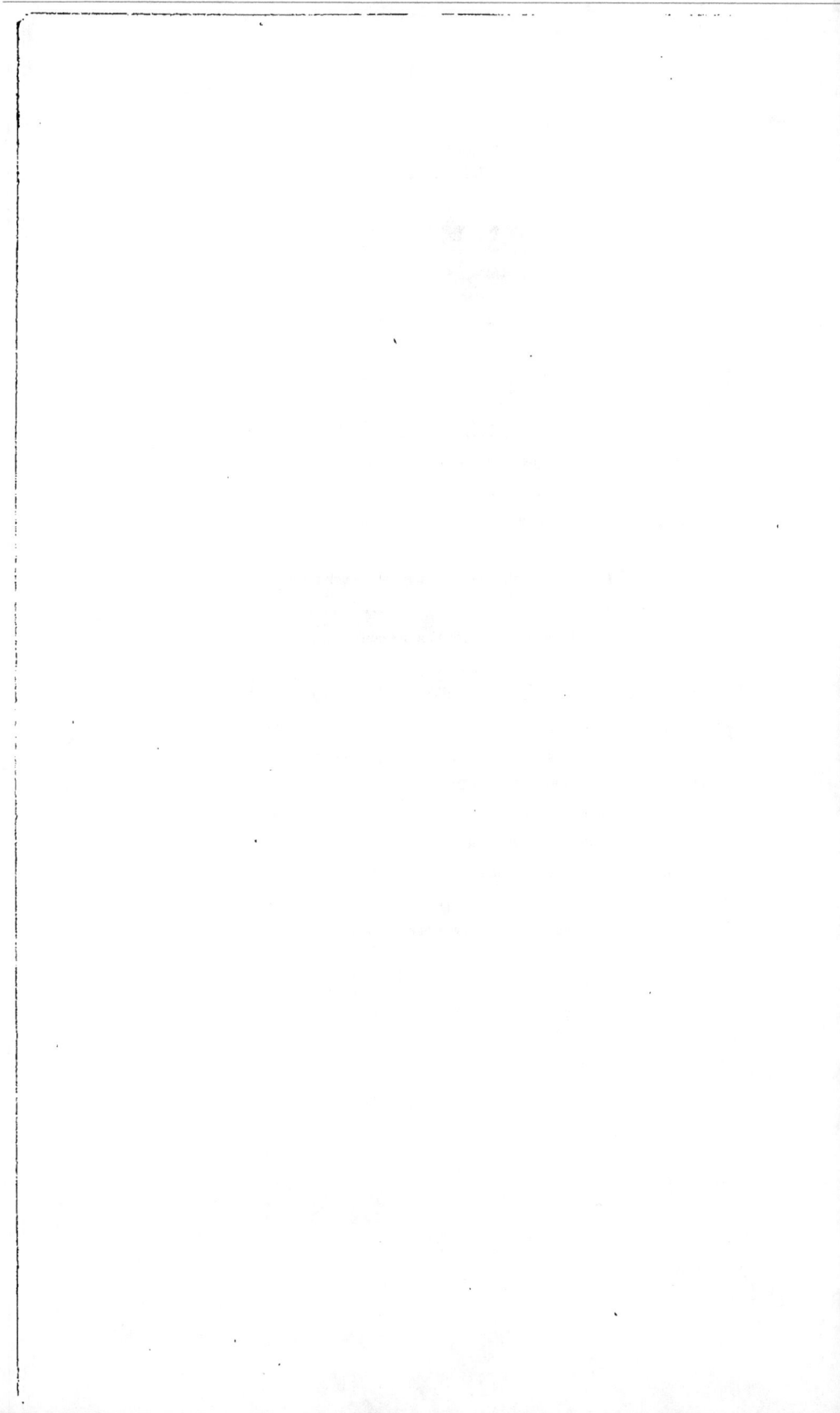

PRÉFACE.

Le *Traité de la culture du Mûrier* que j'ai publié à Grenoble, en 1840, a reçu du public le plus favorable accueil.

J'étais, je l'avoue, loin de m'attendre au succès qu'il a obtenu, et ce succès est pour moi d'autant plus flatteur que cet ouvrage n'était pas, comme tant d'autres, le résultat de compilations faites sur ceux qui le précédaient dans la matière, mais bien le fruit d'une longue pratique et d'une expérience acquise aux champs.

Avant la publication de mon *Traité*, il s'était écrit une multitude d'ouvrages sur cette culture. Ces ouvrages, je les connaissais ; de très graves erreurs, que l'expérience m'a fait connaître, de nombreuses lacunes, des théories souvent hasardées et quelquefois absurdes pouvaient égarer le cultivateur et le jeter dans une fausse voie ; rectifier ces erreurs et combler ces lacunes, tel fut le but que je me proposai lors de la publication de ce premier essai, et ce but je crois l'avoir atteint. J'ai eu depuis la satisfaction de voir partout adopter les principes que je développe et la méthode que je prescris. Je n'ai vu nulle part surgir la critique, et, ce qui est plus flatteur encore pour moi, c'est que les nombreuses publications qui se sont faites après, n'ont été en partie ou en totalité que la reproduction de mes idées. J'ai donc eu l'avantage, sinon d'être copié, du moins celui de me rencontrer avec les hommes distingués qui ont traité la matière après moi.

Les procédés de taille, de membrure, et surtout celui de l'ébourgeonnement, avant 1840, n'étaient connus de personne, du moins n'avaient été prescrits par aucun auteur, et depuis plus de quinze ans je les mettais en pratique. Après la publication de mon livre, ces nouveaux procédés sont devenus populaires; bon nombre de notabilités séricicoles ont écrit là-dessus; des dessins d'un grand mérite, des tableaux charmants, démontrent à l'œil ce que le texte laisse d'obscur à l'imagination. Bref j'ai eu la satisfaction de voir reproduire mes idées sous toutes les formes, et j'ai le bonheur, dis-je, de me rencontrer avec ceux que tout le monde considère à bon droit comme les doyens et comme les pères de l'industrie séricicole.

J'avais bien compris aussi que mon *Traité de la culture du Mûrier*, quoique complet quant à la partie théorique, laissait quelque chose à désirer pour le praticien; que malgré la clarté et l'étendue de mes démonstrations, il était nécessaire de parler aux yeux en même temps qu'à l'imagination, et à cet effet j'avais rédigé un petit ouvrage intitulé *Manuel du planteur de Mûrier*. Cet opuscule, qui n'est que le résumé succinct du *Traité*, accompagné de nombreux dessins explicatifs, deviendrait peut-être une publication surabondante, si les tableaux et les dessins publiés jusqu'à ce jour embrassaient la généralité des cas qui se présentent, et prévoyaient la règle et l'exception ; mais la nature ne marche pas comme le crayon de l'artiste, et elle exécute souvent fort mal les modèles que le burin du graveur lui a tracés ; elle a ses goûts, ses idées à elle, et c'est la reproduction exacte de ces goûts et de ces idées, ramenés aux nôtres par la pratique, que j'ai voulu populariser par mon *Manuel*.

Dans cet ouvrage comme dans le précédent, bien que sa publication, attardée par des circonstances indépendantes de ma volonté, ne vienne qu'après une foule d'autres, j'aurai néanmoins l'avantage de publier des choses neuves et de combler des lacunes. Ainsi quand le praticien se trouve en présence d'une multitude de sujets dont les trois quarts au moins s'écartent de cette régularité que nous désirons, et dont un grand nombre affectent absolument le contraire de ce que nous voulons, lorsqu'un accident, une maladie ou toute autre cause vient effacer en partie ou briser en entier ce joli modèle de membrure, le praticien a besoin d'un guide pour reconstruire cet édifice démantelé, et ce cas, qui se présente vingt fois contre une, est une lacune à combler.

Ce Manuel en comblera une autre bien plus sérieuse encore. Rien n'est plus important pour nous, que de connaître d'une manière exacte la forme de toutes les variétés de feuilles de mûrier, soit pour en apprécier la qualité, soit pour appliquer à chacune le mode de culture, de taille et de membrure, et pour placer chacune d'elles dans le sol et le climat qui lui conviennent. Ces modèles sont non-seulement utiles aux cultivateurs de mûrier, mais ils feront encore plaisir aux naturalistes, quand ils sauront que chaque dessin a été pris sur la place même où la nature avait planté le modèle ; que toutes les variétés de feuilles que nous possédons se trouvent à l'état sauvage sur divers points du globe, placées là par les oiseaux voyageurs ; qu'à partir du père commun mes dessins reproduiront ses ibrides successifs, et leur dégénérescence progressive à mesure de leur éloignement du point de départ, et à mesure du croisement des sous-variétés entre elles.

Enfin, les tailleurs de mûrier les plus habiles trouveront avec plaisir dans mes modèles la reproduction exacte de ce qui se passe, la manière d'obvier aux inconvénients, et surtout la manière de procéder selon le climat et selon la variété soumise à l'opération. Ce qui jusqu'à présent a été, par tout le monde, prescrit d'une manière générale et absolue, le sera dans mon Manuel, avec les variantes qu'amènent les exceptions, les accidents, les caprices de la végétation, les maladies, etc., etc.

Il manquait également à ces deux ouvrages leur complément indispensable : le *Traité des Magnaneries*.

Depuis longtemps je travaille à cette dernière partie (le *Traité des Magnaneries*), qui depuis deux ans serait publiée, si des circonstances que je ne juge pas convenable de rappeler ici n'en avaient retardé la publication. Malgré les pressantes sollicitations de mes amis, je n'ai pas cru devoir plutôt livrer au public cette partie importante de mes manuscrits, et voici pourquoi : c'est en 1840, époque à laquelle je publiais mon *Traité de la culture du Mûrier*, que commençait pour ainsi dire cet élan général, que se tournaient vers cette industrie, sous le patronage du gouvernement, les regards de la France entière. Tout le sol national allait se transformer en un vaste atelier d'expériences. Les hommes les plus haut placés, les plus distingués dans la science agricole, se disposaient à prêter aux progrès de cette industrie leur puissant concours. L'État, les comices agricoles et les agriculteurs eux-mêmes, se préparaient à rivaliser de zèle pour lui donner un nouvel essor. Chacun devait verser dans le domaine commun le fruit de ses observations et de son expérience. Cet élan général devait nécessairement amener un progrès, donner lieu à une multitude de découvertes utiles. Cette pensée, qui du reste s'est trouvée juste, me décida à ajourner la publication de mon *Traité des Magnaneries*. Ce retard, n'a pas été sans utilité ; j'ai aussi consacré ces six années, non seulement à recueillir le fruit des observations d'autrui, mais j'ai, dans cet intervalle, dirigé mes recherches vers les points les plus difficiles et les moins étudiés. J'ai voulu connaître les secrets les plus intimes de l'histoire naturelle de cet insecte intéressant, et je puis dire ici, sans vanité, que mes investigations ont dépassé la limite commune, et que dans mon *Traité des Magnaneries*, comme dans celui de *la culture du mûrier*, je ne copie personne, je n'emprunte rien à personne, et trouve néanmoins un beau volume à écrire, et de nombreuses lacunes à combler.

Depuis plusieurs siècles, cette branche si importante de notre industrie agricole a éveillé la sollicitude des hommes d'État, et les savants lui ont à diverses époques prêté leur puissant concours. Depuis Olivier de Serre jusqu'à nous, que d'auteurs distingués, combien d'hommes célèbres lui ont consacré leurs études et leurs veilles ? Dandolo, Pitaro, Bonafoux, l'abbé de Sauvage et tant d'autres ; et de nos jours, que de volumes se sont écrits ! Pourrait-on croire que ces volumineux et innombrables travaux, après avoir jeté sur cette question une si vive lumière, laissassent encore quelque chose à dire, quelques problèmes à résoudre ? Eh bien ! oui, et ces problèmes ne sont pas les moins importants.

Le patronage du gouvernement, le désir de briller et de se faire un nom, pour quelques-uns ; celui d'être utile à leur pays, pour quelques autres ; l'ap-

pât du gain pour la majeure partie, le concours
éclairé de la science, ont sûrement fait faire à cette
industrie un pas immense, et l'on peut constater
bon nombre de découvertes utiles. Mais certaines
questions capitales, certains secrets de la plus haute
importance, n'ont été jusqu'à présent approfondis
par personne; les questions de construction de magnaneries, ventilation, chauffage, alimentation, système de claies, etc., ont occupé le monde savant;
de nombreuses controverses, des discussions inter-
minables laissent encore l'éducateur indécis sur le
mode qu'il doit préférer. Le charlatanisme, les brevets d'invention, la spéculation, enfin, viennent encore se jeter en travers; chaque novateur vous dit :
prenez mon ours (qu'on me pardonne la trivialité de
l'expression). Malgré cela, cependant, il y a progrès,
d'heureuses découvertes ont été faites, et il ne reste
plus qu'à guider le choix de l'éducateur, et à apprécier à leur juste valeur chacune d'elles.

Pour ce qui concerne les principes de construction des magnaneries, il semblerait au premier
abord que rien ne reste à dire, et cependant la chose
la plus essentielle, la question la plus naturelle, la
plus simple, n'a été encore posée par personne.
*Doit-on procéder dans tous les cas et dans tous les
lieux de la même manière? Tous les climats et toutes
les localités se prêtent-elles à une prescription absolue?*

Quant au mobilier des magnaneries : *quels est*, à
propos de claies, *le système préférable? Quel avantage
et quel inconvénient présente l'adoption de l'un ou de*

*l'autre? N'y a-t-il pas encore quelques ustensiles utiles
à découvrir ou à décrire? Quelque perfectionnement à
apporter à ceux que nous possédons? Quelques prescriptions importantes sur le meilleur parti à en tirer?*

Et, à propos des soins à donner à l'insecte lui-
même, *tout a-t-il été prévu et dit?* Assurément non.
Les choses les plus essentielles, celles qui se rattachent le plus intimement à son existence, ses maladies, leur origine et leurs causes; ce qui se passe
en lui lors des diverses transformations que la nature
lui a imposées; les singuliers phénomènes par lesquels il arrive à l'état d'insecte parfait. Cette question si vitale, si importante de la reproduction de
son espèce, la connaissance exacte de la progression du développement en lui des organes de la
génération, les conditions dans lesquelles ces organes doivent fonctionner pour reproduire l'espèce
dans de bonnes conditions, la description exacte de
ces organes, et tout cela est encore à dire, et ces
questions sont, sans contredit, neuves et importantes.

Je dois avouer ici que les longs détails que je
donne sur l'ovulation de cette phalène, et qui pa-
raîtront peut-être surabondants dans un ouvrage
destiné aux hommes des champs, auraient trouvé
une place plus convenable dans un ouvrage d'histoire naturelle. Mon intention était, effectivement,
de caser ces documents ailleurs, mais j'ai pensé (et
je crois avoir raison), que les questions scientifiques
sont depuis longtemps familières aux agriculteurs

de notre époque, et qu'en approfondissant pour eux celle-ci, je les mettrais à même de juger en connaissance de cause certains charlatans qui, à propos d'œufs de vers à soie, ne se sont pas fait faute d'exploiter leur crédulité et leur bourse. Je m'abstiendrai ici de nommer ces exploiteurs hardis, dont quelques-uns n'ont pas craint de couvrir leur charlatanisme de l'égide de leur caractère personnel et de leur position sociale, la raison publique a fait bonne et suffisante justice de leurs *œufs pur sang* et de leur effronterie; c'est dans les secrets les plus intimes de l'histoire naturelle que j'ai puisé mes prescriptions, et c'est à la connaissance de ces secrets, que je livre, du reste, de bonne foi, à mes concitoyens, que je dois de pouvoir leur dire quelque chose de vrai et de neuf sur ce sujet.

La nature est invariable dans sa marche et immuable dans ses principes. Les procédés qui l'aident, au lieu de la contrarier, sont ceux que l'homme doit préférer, dans son propre intérêt. Tous les animaux, tous les insectes qui peuplent la terre sont soumis par leur nature à des conditions d'existence dont on ne peut les faire dévier, sans les compromettre. Un air pur, une chaleur convenable et une nourriture suffisante, tels sont les éléments de la vie de tous les êtres, et tel est aussi, pour le *bombix sericaria*, l'unique condition d'existence. Lui procurer ces trois choses indispensables à la vie, est toute la science du magnagnier.

Ces trois importantes questions : *ventilation*,

chauffage et *nourriture*, sont celles dont se sont le plus occupé nos hommes de progrès. Ce sont elles qui ont donné lieu à d'innombrables essais, soit sur la construction et la forme des ateliers, soit sur leur distribution intérieure.

La question d'*air pur* n'a pas seulement préoccupé nos savants sur le moyen de le produire constamment dans l'atelier, mais elle a fait tomber dans de graves erreurs certaines personnes qui, peu versées dans les questions de météorologie, ont cru produire ce renouvellement d'air pour l'atelier, à l'aide de certains systèmes de claies mobiles, tandis qu'ils ne produisaient que l'agitation d'une atmosphère viciée. C'est encore cette question d'*air pur* qui a introduit dans nos ateliers l'heureuse idée d'un chauffage au calorifère. L'établissement des gaines destinées à conduire le calorique et à le distribuer uniformément, et celui des gaines supérieures aboutissant, soit aux cheminées d'appel, soit au tarare; ces dernières destinées à absorber l'air des magnaneries.

Il s'est écrit bien des livres sur cette importante question. L'application du principe, reconnu vrai par tous, a donné lieu à bien des controverses, et le défaut de tous les auteurs de vouloir généraliser le précepte, a fourni aux exceptions qui, du reste, sont nombreuses, l'occasion de nier souvent la vérité du principe.

Les lois de la physique sont immuables. Le renouvellement d'air, ou plutôt la substitution d'une atmosphère à une autre, est une question de densité ou de poids spécifique; ceci est une vérité que tout le monde accepte. Mais cette substitution d'atmosphère a-t-elle lieu, dans tous les cas et dans tous les lieux, de la même manière? Non! On rencontre aussi souvent l'exception que la règle. De même qu'il n'est pas rare de voir deux cheminées de construction et de position parfaitement identiques, dont l'une fume et l'autre pas, de même aussi, l'établissement d'un atelier qui sera la copie exacte d'un autre, quant aux formes et à la dimension, rencontrera chez l'un une ventilation énergique, et chez l'autre stagnation complète. La connaissance exacte du caprice des courants d'air est une science bien imparfaite encore. La règle générale est si souvent modifiée par des causes qui nous échappent, qu'il est impossible de prescrire le mode d'une manière absolue.

Si la construction des ateliers doit recevoir des modifications suivant les lieux, c'est-à-dire, si dans le même climat, la position spéciale d'un atelier oblige à dévier de la règle qui a présidé à la construction de l'autre, que sera-ce donc, si nous changeons de latitude et de climat? Faudra-t-il, dans le nord de la France, procéder comme dans le Midi? En Italie, en Grèce, en Afrique, dans l'Inde, faudra-t-il que les ateliers de Paris et de ses environs nous servent de modèle? Le système de ventilation d'Arcet, avec son calorifère, ses gaines et ses tarares, doit-il être introduit dans des ateliers constamment environnés d'une atmosphère de 25 à 30 degrés ? L'écoulement de l'atmosphère de l'atelier aura-t-il lieu dans ce cas par les gaines supérieures ? et un atelier construit d'après les principes généralement prêchés par tous les auteurs répondra-t-il aux exigences d'une pareille localité ? Assurément non !

Il est évident que l'on ne doit pas procéder partout d'une manière absolue et uniforme; la position topographique de chaque atelier, le climat habituel de chaque position, la différence énorme de la température des localités entre elles imposent à chaque éducateur l'obligation de se conformer aux exigences de la localité qu'il habite et de construire son atelier suivant les variations du climat qu'il possède.

Ainsi pour être compris de tous, et afin d'écrire pour tous les lieux où cette précieuse industrie peut s'étendre, j'ai fait quatre catégories de climats. A chacune d'elles je prescris un mode de construction spéciale, un système de ventilation spécial. Je divise les climats en *climats chauds*, *climats variables*, *climats tempérés* et *climats frais*.

Une multitude d'auteurs célèbres ont traité cette matière avant moi. Chacun d'eux a prescrit avec sagacité le mode d'opérer propre à la localité qu'il habitait, a indiqué les moyens qu'il employait avec succès chez lui; mais la méthode de Dandolo, excellente en Lombardie, est-elle applicable en Afrique ou dans le nord de la France ? Son système de chauffage qui, à la rigueur, peut suffire en Italie, était-il suffisant pour nos ateliers du nord ?

Cette vérité incontestable, je l'ai comprise comme tout le monde. Catégoriser les climats, et par suite prescrire les modifications dans la construction des ateliers, le système de ventilation chaude ou froide convenant à chaque catégorie, est encore chose neuve que je n'emprunte à personne, et en cela, j'espère, je rendrai à bon nombre d'éducateurs un réel service.

Si la distribution intérieure des ateliers n'était pas changée, si le système de claies, les procédés de mise en bruyère, de délittement, etc., n'avaient pas fait, par nos récentes découvertes, un pas immense ; si l'expérience avait fixé l'opinion générale sur le meilleur système ; en un mot, si toutes les récentes inventions, pour lesquelles chaque inventeur réclame la priorité, étaient, par l'expérience, classées selon le degré d'importance qu'elles ont, il resterait peu de chose à écrire là-dessus. Mais justement c'est tout le contraire. Chaque inventeur soutient encore la suprématie de son idée. Chaque éducateur, selon qu'il s'est engoué de tel ou tel système, le trouve encore supérieur à tous les autres, et prêche sa supériorité et d'exemple et de paroles. Ce conflit d'opinions rend indispensable la publication d'un ouvrage qui, groupant toutes ces découvertes, les compare entre elles, et fasse à chacune sa procédure de *commodo* et *incommodo*, et mette chaque éducateur à même de choisir en connaissance de cause.

Parmi nos récentes découvertes, il en est bon nombre qui ne sont encore connues que d'un petit nombre d'éducateurs. La routine et le charlatanisme sont souvent causes que certains bons procédés, certaines découvertes utiles ne se propagent pas. Ainsi la routine lutte encore avec acharnement contre la propagation de nos excellents procédés d'incubation. Les incubateurs ou couveuses, quoique d'une invention peu récente, ne se trouvent encore que chez peu d'éducateurs. Leur emploi, cependant, deviendrait populaire si l'on rendait populaire la connaissance des maladies originelles qui prennent leur source dans de mauvais procédés d'incubation.

J'ai aussi fait comme tout le monde. J'ai aussi inventé un système de claies. L'inclinaison des claies est sans doute une idée bonne et neuve. Il y a du bon dans mon invention, mais après moi on a fait mieux. Le système d'Avril lui est supérieur à certains égards, et je lui fais de grand cœur le sacrifice de mon amour-propre. Il n'est pas impossible de combiner le système d'Avril et le mien, et alors ils se prêteraient réciproquement la perfection qui leur manque. Ce que j'ai découvert de très important, surtout pour nos *climats variables* et nos *climats frais*, c'est un *sèche-feuilles*. Il n'y a pas un éducateur en France qui, à certaines époques de l'éducation, n'ait eu à se plaindre de quelque série de jours pluvieux. La facilité de sécher parfaitement et en très peu de temps une énorme quantité de feuilles, est chose essentielle et nécessaire. Je ne cuirasse pas mon idée, comme tant d'autres, d'un brevet d'invention; ce privilége est une plaie dont l'État devrait guérir l'agriculture, et que l'on ne devrait rencontrer que dans la fabrication d'objets de luxe.

Mon *Traité des Magnaneries* se divise en deux parties. La première contient quatre chapitres. Le premier contient quelques notions préliminaires sur les magnaneries en général, et sur leur classification en catégories.

Le deuxième indique les principes de construction pour chaque catégorie.

Le troisième, qui se divise en quatre paragraphes, contient : § 1er, les notions générales sur la ventilation et ses principes; § 2, ventilation fraîche, ses principes et ses caprices; § 3, ventilation chaude, ses principes; construction et établissement de calorifères; gaines de calorifères, cheminées d'appel, etc.; § 4, ventilations combinées, chaude et fraîche, établissement de terrasses, etc.

Le quatrième chapitre sous le titre principal : *Mobilier des Magnaneries*, contient onze §, dans lesquels sont décrits tous les systèmes de claies inventées jusqu'à ce jour; en un mot ce chapitre groupe toutes les découvertes utiles, tous les ustensiles nouveaux dont la science a enrichi nos ateliers. Leur description exacte, avec le plan à l'appui, la manière de s'en servir, et les modifications dont ils sont susceptibles.

La II⁰ *Partie* contient également quatre chapitres.

Le chapitre 1ᵉʳ, sous le titre : *Ovulation du bombix sericaria*, est sans contredit un des plus importants de mon livre. Le sujet que j'y traite est tout-à-fait neuf, et de l'avis des savants auxquels j'ai communiqué le manuscrit, il est appelé à combler une lacune en histoire naturelle, et à jeter une vive lumière sur cette partie si peu étudiée et si peu connue de la vie de cette phalène.

Le 2ᵉ sous le titre : *Ovologie du bombix sericaria*, donne de longs détails sur l'histoire naturelle de cette phalène, sur ses œufs, sur leur principe de conservation, leur mode d'incubation et leurs principes d'éclosion; le développement progressif de l'embrion dans l'œuf, et la manière dont il en sort ; la communication de ce fragment de mon manuscrit, aux savants les plus distingués de la capitale, m'ont valu de leur part des témoignages flatteurs qui m'encouragent à publier ces détails qui, du reste, sont tout-à-fait neufs, et considérés par eux comme très importants.

Le chapitre 5 prescrit les soins à donner à cet insecte, depuis son éclosion jusqu'à sa transformation en chrysalide.

Comme une foule d'auteurs ont écrit sur cette matière, et que rien n'a pour ainsi dire été oublié, je fais grâce à mes lecteurs d'une multitude de détails, et je glisse rapidement sur ces banalités que tout le monde a répété à satiété; je ne prends, pour ma part, que les lacunes, je me contente de signaler quelques erreurs, et, dans maintes circonstances, je trouve l'occasion de dire des choses neuves et importantes, de prescrire des procédés supérieurs à ceux généralement répandus.

Le chapitre IV, enfin, sous le titre : *Maladies du bombix sericaria*, contient aussi des choses neuves. La classification de ces maladies, leur subdivision en maladies *originelles* et *accidentelles*, les causes précises qui les déterminent, leurs symptômes, leur marche et leurs effets ne sont nulle part, que je sache, décrits d'une manière positive. Chaque auteur en décrit un certain nombre et leur donne des noms différents; les causes qu'on leur attribue et leurs symptômes sont le sujet d'une controverse très variée. Sans avoir la prétention de dominer par mon savoir une multitude d'hommes de la plus haute distinction, qui se sont occupés avant moi de ces importantes questions, je puis dire ici, sans vanité, qu'aucun d'eux n'a peut-être fait à cet égard ce que j'ai fait moi-même.

Lorsqu'une maladie surgissait dans leur atelier et les prenait, pour ainsi dire, à l'improviste, ils l'observaient et pouvaient parfaitement en analyser la marche et les symptômes, mais en préciser la cause, non, à moins qu'elle fût immédiate. Depuis plus de quinze ans, je sacrifie une notable partie de mes éducations à l'étude des maladies de cet insecte. Je provoque, par des procédés variés, le surgisse-

2

ment d'une maladie, j'en étudie les progrès et les effets, et je puis affirmer qu'il existe de très graves erreurs sur les causes de ces maladies, dont le principe, la plupart du temps, est originel et tient, ou à la mauvaise qualité des œufs, ou à leur plus ou moins grande altération, ou à de mauvais procédés d'incubation.

Enfin, ce que j'écris est le fruit de mes recherches et de mon expérience, je ne l'emprunte à personne ; ce que j'affirme est vrai, ou du moins me paraît tel. Je me suis abstenu de tout ce qui, pour moi, était encore conjectural; quelle que soit l'opinion qu'auront de moi ceux dont mon livre signale les erreurs, je les prie de croire que je m'estimerai heureux s'ils veulent bien user envers moi de la même franchise et m'indiquer les erreurs dans lesquelles j'ai pu tomber moi-même.

Quant aux spéculateurs et aux charlatans, dont je ne crains pas de démasquer l'effronterie, je les attends de pied ferme ; je lutterai courageusement contre leurs novations et leurs promesses mensongères : le désir du bien public et la reconnaissance de mes concitoyens me soutiendront, je l'espère, dans la lutte, et m'aideront à faire triompher les vrais principes.

En attaquant de front cette phalange d'inventeurs cuirassés de brevets d'invention, en indiquant le défaut de la cuirasse, je dois m'attendre à la voir se lever contre moi comme un seul homme. Cette crainte ne m'arrêtera pas. Je sais qu'il est du devoir d'un auteur consciencieux d'indiquer la voie qu'il croit bonne et de prémunir ses concitoyens contre les erreurs ou le charlatanisme, et, à ce devoir, je ne faillirai jamais.

Mais il en est un autre qu'il me sera bien doux de remplir : toutes les fois qu'un nom illustre se présentera sous ma plume, je saurai communiquer à autrui le respect et la reconnaissance que nous devons à ces hommes désintéressés et laborieux, dont la patience et les sacrifices de temps et d'argent ont si puissamment contribué aux progrès de cette industrie ; trop heureux si mes concitoyens veulent bien croire au but unique que je veux atteindre , celui de leur être utile. La reconnaissance publique étant, à mon avis, la plus douce récompense qu'un homme puisse ambitionner.

DEUXIÈME PARTIE.

DU TRAITÉ DES MAGNANERIES.

CHAPITRE Ier.

OVULATION DU BOMBIX SERICARIA

(VER-A-SOIE).

§ Ier.

NOTIONS PRÉLIMINAIRES.

ORGANES DE LA COPULATION.

Posséder de bons œufs de vers à soie est chose de la plus haute importance : c'est une question de vie ou de mort. Cette question a été vivement sentie par tous les éducateurs, et l'importance qu'ils y attachent, avec raison, m'a obligé à faire là-dessus les plus sérieuses recherches.

Il a fallu que cette question fût considérée comme capitale, pour que certains spéculateurs hardis, profitant de l'obscurité dans laquelle elle se trouve encore, aient abusé de la crédulité publique au point de promettre des œufs pur sang, donnant des résultats qui tiennent du prodige ; et pour qu'une multitude d'éducateurs s'y soient laissé prendre, il a fallu que, jusqu'à ce jour, les moyens de posséder de bons œufs fussent bien incertains.

Je laisserai aux spéculateurs sur la crédulité publique leurs secrets, qui ne sont au fond qu'un moyen ingénieux de changer un produit brut de mille francs en un revenu de six mille, et j'irai, sans m'inquiéter de ce qu'ils penseront de moi, chercher la vérité dans les secrets les plus intimes de l'anatomie des lépidoptères.

L'immortel Cuvier, comme tous ces brillants météores qui traversent l'espace, n'a pas assez vécu. Sa vie, qu'il a consacrée aux recherches les plus minutieuses, a été encore trop courte. Malgré l'immensité des découvertes dont il a enrichi la science, il existe encore des lacunes à ses innombrables travaux. Les parties sexuelles, organes de la copulation chez un grand nombre de sujets, ont été décrites par cet homme extraordinaire; mais, je viens de le dire, sa vie laborieuse et si bien remplie, a été trop courte, et cette partie qu'il a si bien décrite chez les mammifères, il n'a pu la compléter chez les insectes.

Après lui, que s'est-il fait? je l'ignore. Relégué depuis vingt ans dans une modique ferme au pied des Alpes, sans fortune, et privé de toutes les ressources que peuvent sans frais se procurer les habitants des villes, n'ayant, en un mot, à ma portée aucune de ces richesses scientifiques dont les villes sont pourvues par leurs bibliothèques publiques, je ne sais si l'héritage de Cuvier a été recueilli, et si, après lui, cette lacune a été comblée. Les parties sexuelles des lépidoptères, la grappe des ovaires de la femelle, sont-elles appréciées et décrites quelque part? je l'ignore. Quoi qu'il en soit, depuis longues années je m'occupais de cette question dans le but de savoir, pour moi seulement, ce qui se passe à cette époque

de la vie des insectes, et j'aurais gardé pour moi le résultat de mes recherches, si cette question, devenue d'un
intérêt public par rapport au *bombix sericaria*, n'eût
donné lieu aux spéculations que je signalais plus haut.

Je le répète, je n'ai été aidé dans mes recherches que
par le souvenir d'anciennes études, par mon envie de savoir, par une patience de vingt années ; mon microscope
a plus de mérite que moi. Je me serais bien gardé surtout d'introduire dans cet ouvrage les détails de lépidoptérologie que je donne dans ce chapitre et dans le suivant, si je n'avais senti le besoin de mettre nos éducateurs
en garde contre la spéculation et le charlatanisme.

Ce que je veux enseigner aux éducateurs, c'est l'art
de produire eux-mêmes de bons œufs. Je suis complètement désintéressé vis-à-vis d'eux ; je n'ai jamais spéculé
là-dessus, et j'ai le ferme projet de ne jamais en vendre ;
aussi j'espère qu'en faveur de ce désir désintéressé d'être
utile à mes compatriotes, ils me pardonneront les quelques détails d'histoire naturelle que je me permets d'introduire dans ce chapitre.

Dans toutes les variétés d'animaux qui peuplent la
terre, l'accouplement précède la ponte ; excepté toutefois
chez certains animaux aquatiques, où l'une et l'autre de
ces fonctions ont lieu spontanément. Cet acte important,
duquel dépend la création et la vie du nouvel être qu'il
doit produire, est soumis par le Créateur à des conditions
sans lesquelles il ne peut produire l'effet qu'on en attend.

Chez tous les êtres vivants, la nature développe plus
ou moins vite les organes de la génération. Chez les mâles
comme chez les femelles, il a fallu que ces organes aient

eu le temps de se développer, d'acquérir la force et les qualités dont elles ont besoin pour être fertiles.

Quoique la nature ait assigné à chaque espèce et même à chaque variété un laps de temps plus ou moins long, mais toujours égal pour chaque sujet de même espèce, il advient souvent que des circonstances particulières dans lesquelles des sujets de même espèce se trouvent, subvertissent cet ordre naturel, attardent ou devancent cette époque de maturité des organes.

La nature, en assignant à chaque variété la durée de cet âge de puberté, lui a aussi assigné le climat et le lieu dans lequel il doit vivre, et le genre de nourriture qui doit amener ce développement. La dérogation volontaire ou forcée aux lois du Créateur est la seule cause du subvertissement de l'ordre naturel.

La transplantation d'un être dans un climat qui n'est pas le sien, l'obligation dans laquelle il peut être placé de vivre dans une région plus chaude ou plus froide que la sienne, peuvent non-seulement modifier cette durée de l'âge de puberté, mais même annihiler et détruire complétement cette faculté de reproduire son espèce. Les plantes et les animaux des régions tropicales ne prospèrent pas en Sibérie, et *vice versâ*, l'ours blanc et les autres animaux des mers Glaciales ne peuvent se reproduire dans les régions brûlantes de l'équateur. Il y a donc pour chaque animal ou plante une manière d'être, des conditions d'existence sans lesquelles l'ordre naturel qui lui est propre ne peut exister.

Si la maturité des organes de la reproduction est chose nécessaire à leur fertilité, elle n'est pas moins indispensable à la vigueur des sujets qu'elles doivent produire.

L'appréciation de l'époque de cette maturité, la température sous laquelle le développement de ces organes doit avoir lieu, l'époque précise où l'accouplement doit se faire, tels sont les seuls secrets qui existassent en lépidoptérologie : sans oser affirmer que je les ai complétement pénétrés, je crois pouvoir dire ici que les recherches minutieuses que j'ai faites m'ont appris bien des choses essentielles à savoir, soit sur la forme de ces organes, soit sur la progression de leur développement, soit enfin sur ce qui se passe avant ou après l'accouplement. Quant à ce qui se passe au moment où les organes des deux sexes sont en contact, ceci est pour moi, comme pour tout le monde, un mystère. De quelle manière cet œuf, qui tout à l'heure était inerte et sans vie, reçoit-il la faculté de produire ? Quel fluide, quelle commotion, quelle puissance enfin, fait passer instantanément un objet de l'état de mort à l'état de vie ? Ceci est un secret que Dieu s'est réservé, qui restera dans le domaine du Créateur jusqu'à la fin du monde, si toutefois il y en a une.

Pour faire comprendre ce que j'ai compris moi-même, c'est-à-dire, pour démontrer l'époque où la maturité des organes sexuels chez la phalène qui nous occupe permet à ces organes de procéder à l'acte important de la reproduction de l'espèce, il est nécessaire d'entrer ici dans quelques détails anatomiques, et de suivre la progression du développement de la grappe des ovaires chez la femelle, depuis son début jusqu'à l'apogée de sa croissance.

L'époque où commence la formation de la grappe des ovaires, et le temps qu'elle met à se développer, n'est pas la même chez toutes les lépidoptères. La forme de cette grappe, le nombre d'œufs qui lui adhèrent varie à chaque famille et même à chaque tribu. Chez les diurnes, la chrysalide n'en laisse pas apercevoir la moindre trace avant la transformation ; chez les sphingides crépusculaires, au moment de la métamorphose, elle est indiquée très superficiellement par quelques fibres sans consistance, tendus longitudinalement depuis l'étranglement du corcelet jusqu'à l'extrémité de l'abdomen, la pellicule qui l'enveloppe ultérieurement lorsqu'elle est formée et qui la sépare plus tard de la grande enveloppe annulaire de l'abdomen, n'existe que plusieurs jours après la naissance du papillon. Dans la plus grande partie des sujets de cette tribu, cette grappe met plusieurs jours avant qu'il soit possible d'y apprécier des œufs. Dans la tribu des phalènes nocturnes, et principalement dans celle du *bombix sericaria*, la grappe des ovaires devient apparente sept ou huit jours après la formation de la chrysalide. Elle se développe progressivement jusqu'à la transformation en papillon, époque à laquelle toutes les parties qui la composent, ont, sinon la consistance nécessaire, du moins la forme et la grosseur qu'elles doivent avoir.

La forme de cette grappe varie également selon l'espèce.

Chez les diurnes, elle est ordinairement exagone et quelquefois aussi pentagone ou quadrangulaire ; c'est-à-dire qu'elle a quatre, cinq ou six rangs d'œufs régulièrement apposés les uns à la suite des autres, le long d'une membrane à laquelle ils adhèrent. Cette membrane, disposée en forme d'étui, creuse à l'intérieur, est liée à sa partie supérieure par un faisceau de fibres dont les extrémités, passant par l'étranglement du thorax et de l'abdomen, vont se perdre dans le thorax. A sa partie inférieure, cette membrane, ou étui, se resserre et se termine par un col étroit et elle adhère aux parties sexuelles par autant de fibres qu'il y a de rangs d'œufs.

Les œufs sont placés les uns à la suite des autres, étroitement serrés entre eux dans une petite canelure que forme la membrane interne en se plissant régulièrement sur elle-même, et sont enveloppés extérieurement d'une autre pellicule ou membrane, attenante d'une part au thorax, et reliant de l'autre les parties sexuelles. Cette pellicule forme un sac auquel le col des parties sexuelles sert d'ouverture. Intérieurement à cette membrane interne, et à partir du thorax jusqu'à l'extrémité de la grappe, il existe un tube cylindrique, qui est le tube intestinal, il y a une intervalle entre l'extrémité de ce tube et le col des parties sexuelles. Lors de la ponte, c'est dans cet intervalle que les œufs, détachés de la grappe, viennent se loger au moment d'être pondus. Ce tube est ouvert par ses deux extrémités et communique directement avec le thorax, auquel il sert d'unique dégorgeoir.

Cette description de la grappe des ovaires est commune à toutes les variétés de papillons, sauf la différence qui résulte, dans d'autres espèces, du nombre de rangs d'œufs adhérents à la grappe. Ainsi, chez les sphyngides crépusculaires, cette grappe est presque toujours octogone, et chez les phalènes nocturnes elle est au moins décagone, et elle dépasse quelquefois le nombre de douze rangs d'œufs, et le nombre des fibres qui relient cette grappe à ses deux extrémités , augmente proportionnellement. Le sac qui l'enveloppe présente, dans toutes les variétés, la même apparence et les mêmes points d'attache.

Lorsque cette grappe est parvenue à son complet développement, elle présente parfaitement la forme d'un épi de maïs. Dans la phalène du sericaria , elle a douze rangs d'œufs. (*Voyez* les fig. 7, 8 et 10). Mais avant de la décrire dans son complet développement, il convient de la suivre depuis le commencement de sa formation jusqu'à cette époque.

Ainsi que je l'ai dit plus haut, la température , sous l'influence de laquelle le développement de ces organes a lieu, modifie singulièrement la règle générale , hâte ou retarde ce développement. Ordinairement, par une température de seize à vingt degrés , la métamorphose des phalènes nocturnes s'opère en quinze ou vingt jours. La température élevée hâte, celle inférieure retarde. En prenant une température moyenne de dix-huit degrés , en seize ou dix-huit jours, l'insecte parfait brise son enveloppe.

Pour apprécier l'époque de la formation de cette grappe, il m'a fallu anatomiser une multitude de chrysalides, à partir de leur formation jusqu'à leur transformation en papillon , et successivement des papillons avant et après l'accouplement. Il n'est pas douteux que,

malgré les précautions que j'ai prises pour procéder à
cette opération, une multitude de détails anatomiques
ont dû m'échapper, que certaines particularités déliées,
que certaines fractions d'organes très fragiles, et que
l'on ne trouve qu'à l'état de gélatine incolore, ont dû
être dénaturées et disparaître, ou du moins perdre de
leur forme primitive; mais, à force de patience, j'ai pu
voir et analyser les organes essentiels; et voici le narré
succinct de mes observations.

Première opération, deux jours après la transformation
en chrysalide (fig. 1re).

Il faut retenir ici que les sujets soumis à ces diverses
opérations étaient placés sous l'influence de dix-huit à
dix-neuf degrés Réaumur. Cette observation est utile à
retenir, parce que j'ai répété les mêmes expériences sous
l'influence de températures beaucoup plus basses et plus
élevées, et les dates varient toujours selon la température.

A cette première opération, la chrysalide ne présente
encore rien d'apparent, quant aux organes qui doivent
s'y former ultérieurement; le thorax et l'abdomen ne
contiennent qu'une liqueur opaque et gluante, dans laquelle semblent nager des corps délayés de couleur
blanchâtre, rousse et jaunâtre. Le deuxième et le troisième jour, c'est encore la même chose, seulement les
divers corps de couleurs variées semblent se chercher
et s'agglomérer sur divers points; vers le centre de la
chrysalide, se réunissant les objets jaunâtres; les couleurs rousses et blanchâtres se réunissant vers les parois

,intérieures de la chrysalide; le blanc se déposant et commençant à adhérer à ces parois. Le quatrième jour ,
cette séparation est complète. Les substances qui composent ces couleurs commencent à prendre de la consistance.
Le jaune clair occupe à peu près un tiers du diamètre de
la chrysalide au centre, puis il est séparé de la couleur
rousse marron qui forme un cercle autour du jaune, par
un cercle très distinct de couleur verte, mais très claire.
Vient ensuite un quatrième cercle blanc de lait, qui touche immédiatement l'enveloppe cornue de l'abdomen
(Voy. fig. 2, 3, 4 et 5).

Le cinquième jour, le jaune se divise en petites lignes
verticales partant de l'étranglement du thorax et aboutissant aux deux tiers de la longueur de l'abdomen, et
laissant entre elles à l'intérieur une espace qui revêt la
couleur verte-claire du cercle qui enveloppait le jaune.

Le sixième jour, ces lignes jaunes, qui étaient encore
à demi-liquides la veille, ont pris de la consistance et sont
devenues une pâte encore tendre, mais gluante ; deux
pellicules, l'une qui leur est intérieure, et sur laquelle ces
lignes jaunes adhèrent et se fixent à des distances régulières, et l'autre qui leur est extérieure et qui les enveloppe,
mais sans y adhérer, se forment, en même temps qu'intérieurement à la première, un tube cylindrique se forme
dans l'intérieur du cercle que décrit la première pellicule. Ce tube, ainsi que la pellicule intérieure sur laquelle les lignes jaunes adhèrent, occupent, à partir du
thorax, les deux tiers de la longueur de l'abdomen. La
pellicule extérieure, au contraire, forme un sac adhérant
par sa partie supérieure au thorax , et relie l'ouverture

inférieure de l'abdomen, et le tube des organes de la génération lui sert d'ouverture ou de dégorgeoir. Chacune
de ces pellicules sont séparées par un liquide épais de
couleur café au lait clair, qui, au contact de l'air, acquiert après quelques minutes une couleur plus foncée.
Ces trois pellicules, je les appellerai, l'intérieure, *tube
intestinal ;* la suivante, *membrane ovifère,* et la troisième,
sac ovulaire. En même temps, toutes les parties extérieu-
res qui doivent plus tard former l'insecte, prennent une
consistance pâteuse, les anneaux de l'abdomen se dessinent, la couleur blanche qui doit ultérieurement former
le duvet ou les écailles qui recouvriront le corps et les
aîles de la phalène, s'agglomère contre toutes les parois
intérieures de la chrysalide, et y prend de la consistance.
Toute cette fraction de couleur brune qu'enveloppait le
cercle dans lequel s'est formé la pellicule du sac acquiert
une solidité pâteuse ; en un mot, toutes les substances
destinées à former les parties cornées, membraneuses ou
écailleuses, se trient et se séparent, et commencent à laisser deviner la formation de l'insecte parfait. Les parties
sexuelles, c'est-à-dire l'oviducte et les glandes ou vésicules qui lui adhèrent, et les fibres qui attachent la membrane ovifère au thorax et aux vésicules de matrice, à
cette époque ne présentent aucune apparence de forme.

Pendant tous les jours qui se suivent jusqu'au dix-sept
ou dix-huitième jour, toutes les parties qui ont indiqué
le commencement de la transformation prennent de la
consistance, se dessinent de mieux en mieux. Les parties sexuelles à cette époque, c'est-à-dire l'oviducte et les
vésicules qui lui adhèrent, chez la femelle laissent aper-

cevoir leur forme. L'épiderme cornée de la chrysalide
se détache de toutes parts. A l'extrêmité de l'abdomen,
un petit tube flanqué de deux petits mamelons de forme
ovale, et dont l'ouverture est tournée vers l'intérieur et
touche l'extrêmité du tube intestinal, apparaît. Ce tube
s'appelle *l'oviducte*. Il est retractile et il a la propriété de
se retourner ou de se retirer en lui-même comme un bas
ou comme les *Tentacules* des limaces. Ce tube est ainsi
tourné avant la rupture de la pupe et pendant le coït,
et il devient saillant extérieurement, ainsi que les vésicules ou mamelons qui l'accompagnent pendant la ponte.
Pendant cet intervalle et jusqu'au dix-septième ou dix-
huitième jour, ces signes jaunâtres adhèrent à la membrane ovifère, grandissent en longueur ainsi que la
membrane elle-même, et prennent un diamètre qui
augmente à vue d'œil; elles se dessinent en relief sur
cette membrane, jusqu'à ce que mis en contact par leur
accroissement avec les parois du *sac ovulaire,* elles obli-
gent la membrane ovifère à se déprimer sur elle-même
et à se plisser régulièrement jusqu'à toucher par l'extrémité des plis intérieurs les parois du tube intestinal. Ces
reliefs, jaunes cependant, n'ont pas encore de la consistance; ce sont encore des lignes pâteuses et informes,
entre lesquelles aucune division n'établit la séparation
des œufs. Seulement, à mesure que leur consistance
augmente, leur couleur de jaune foncé diminue, et revet
progressivement une couleur tendre, jaune canari, et la
liqueur, qui sépare la *membrane ovifère* du sac ovulaire,
perd de sa transparence et devient terne, acquérant progressivement une couleur briques pilées.

Deux ou trois jours après, c'est-à-dire le vingt ou le vingt-unième jour, la pope ou enveloppe de la chrysalide se rompt, l'insecte parfait se meut, ses organes extérieurs sont formés définitivement. Reste à terminer à l'intérieur quelques fragments de son organisation. Un jour ou deux lui sont encore nécessaires pour que la nature développe en lui toutes les facultés dont ces organes ont besoin. Cet espace de temps il l'emploie à vider, par sa trompe, la liqueur que contient son thorax, afin de dissoudre la gomme qui fait adhérer entre eux les fils qui forment son enveloppe; avec ses deux pattes antérieures il débrouille les fils et se fraie un passage au travers pour venir recevoir du soleil le complément de son organisation. Suivant la force ou l'épaisseur de son enveloppe soyeuse, cette opération est plus ou moins longue; et comme, pour lui, les heures sont des années si l'opération dure plus d'un jour, la formation définitive de certaines parties de ses organes internes est terminée; il ne faut plus pour acquérir la consistance dont elles ont besoin, que l'influence de quelques heures de l'atmosphère extérieure.

Au moment de la rupture de la pope, qui dans la température susindiquée a toujours lieu du seizième au vingtième jour, les fibres qui relient la pellicule ovifère au thorax et aux vésicules de la matrice, commencent à devenir apparents. A cette époque, l'accroissement des lignes jaunes est à peu près à l'apogée de son développement; de petites bosselures régulières indiquent la séparation des œufs. Mais leur consistance n'est pas encore parfaite, on les écrase sans craquement, ce qui indique

que la coque n'a pas encore sa solidité. Le *tube oviducte*
tourné à l'intérieur, et les vésicules de la matrice auxquels adhèrent les fibres l'étant aussi, ces fibres ne sont
point tendus par rapport à la position dans laquelle se
trouvent ces vésicules qui leur servent de point d'appui ;
aussi à partir du moment où le sac.ovulaire comprime et
gêne l'accroissement de la grappe, elle se plisse sur elle-
même, et se tord en forme de spirale autour du tube intestinal, et garde cette forme tant que le *tube oviducte* et
ses vésicules restent dans cette position. Aussitôt que
ce tube sort et entraîne avec lui les parties qui lui adhèrent, les fibres se tendent, les lignes d'œufs reprennent
leur position directe, et c'est à ce mécanisme qu'est dû
le froissement de la membrane ovifère, la rupture des
moyens d'adhérence des œufs à la membrane, et leur
chute au fond du sac ovulaire ou cloaque, et de là dans
le conduit ou tube dit *oviducte*.

La forme des organes sexuels était chose importante
à décrire, afin d'apprécier leur extrême délicatesse et les
dangers qu'elles peuvent courir chez la femelle par leur
contact trop hâté avec celles du mâle.

Chez le mâle, généralement, ces organes, moins com-
pliqués que chez la femelle, sont plutôt développés, ou
du moins ont plutôt acquis la consistance dont elles ont
besoin pour fonctionner. Toutes les parties qui les composent sont formées avant la rupture de la pope. Chez
la femelle, au contraire, les parties les plus déliées n'apparaissent qu'après cette rupture, et ont besoin du contact de l'atmosphère pour acquérir de la fermeté.

Je fais de nouveau observer ici que je suis convaincu

que mon peu d'adresse dans ces sortes d'opérations, pour lesquelles il faudrait une main plus déliée que la mienne, a dû faire disparaître quelques particularités de ces organes dont la principale charpente m'est seule connue ; mais je la décris telle que je l'ai vue, sans autres détails que ceux dont je suis sûr.

Comme la femelle, le mâle a un tube intestinal qui part de l'étranglement du thorax, mais qui n'est pas, comme celui de la femelle, interrompu à l'extrémité de la grappe des ovaires, qui, au contraire, aboutit à l'extérieur par un anus.

Les parties sexuelles, ou plutôt les organes de la génération, se composent de deux vésicules ou glandes situées dans le thorax, en face de l'intervalle qui sépare les aîles des pattes ; ces deux vésicules oblongues, comme le thorax qu'elles égalent en longueur, sont du côté du mésothorax enveloppées par les tendons qui servent au mouvement des aîles. De chacune de ces glandes part un tube très délié qui se place latéralement et de chaque côté du tube intestinal ; ces deux tubes aboutissent à l'extrémité de l'abdomen, de chaque côté, à deux autres glandes ou testicules qui se lient étroitement à la verge. Cette verge est un tube creux, dont les parois sont musculaires. Les fibres qu'on y remarque sont annulaires ; elle se divise, à son extrémité, en six petites pointes très dures, groupées par trois de chaque côté, et recourbées, de chaque côté, en forme de crochet, lorsqu'il se développe extérieurement, et se réunissant en faisceau lorsque le mâle la retire. Elle a la propriété de l'oviducte de la femelle, c'est-à-dire qu'elle se replie sur elle-mème

comme les tentacules des limaces. Elle est immédiatement placée au-dessous de l'anus. Les testicules du mâle
ne sont jamais apparents à l'extérieur. Les deux glandes
situées dans le thorax contiennent une liqueur très limpide, qui, au contact de l'air, prend une couleur violacée ; leur enveloppe est membraneuse et diaphane.
Les testicules sont musculaires et opaques, de couleur
brune jaunâtre.

Chez la femelle, ainsi que je l'ai dit plus haut, le tube
intestinal, la membrane ovifère et le sac ovulaire sont
développés au moment de la transformation ; l'oviducte
et ses vésicules revêtent seulement leur forme à cette époque. (*Voir la planche* 10). Mais la membrane ovifère, qui
n'est autre chose qu'un fourreau ouvert par les deux
bouts et servant d'enveloppe au tube intestinal, a besoin
d'être retenu dans sa position. Les fibres déliés qui doivent lui servir d'attache à sa partie supérieure, et
l'unir par la partie inférieure aux glandes ou vésicules
de la matrice, ne semblent pas encore exister au moment de la transformation, ou du moins ils sont si faibles
qu'ils échappent à la plus minutieuse observation ; dès
lors, n'est-il pas à craindre qu'un accouplement prématuré ne les trouve encore imparfaits et ne les rompe, et
annihile l'effet qu'elles doivent produire? (1).

---

(1) Une des questions qui émeut le plus notre monde séricicole est, sans contredit, celle de l'ovulation : pour le producteur
elle est capitale. La vigueur de l'insecte, l'amélioration de la race
en dépendent. La dégénérescence et les maladies qui en dérivent

Ces fibres, aussi nombreuses dans toutes les variétés que les lignes d'œufs sur la membrane ovifère, sont justement interposées entre la ligne d'œufs et la membrane, et vont, des vésicules de la matrice, se perdre et adhérer

---

ont pour cause unique les mauvais procédés d'accouplement et de ponte, de conservation des œufs et d'incubation.

Peu de personnes, ou pour mieux dire aucune, ne s'est occupée de l'approfondir; les recherches longues et minutieuses auxquelles je me suis livré, m'ont mis à même de constater, que non seulement la science lui avait fait défaut, mais encore que de très graves erreurs à ce sujet étaient accréditées par elle.

La première, et qui est commune à plus d'un auteur en lépidoptérologie, est celle de croire que l'on retrouve dans la chrysalide, au moment de sa formation, les organes qui existaient dans la chenille; il y a même des naturalistes qui sont allé plus loin, et qui ont dit avoir constaté dans les chenilles la présence des organes de la copulation. Le champ des hypothèses est vaste, et dans cette circonstance on en a abusé bien étrangement. Au moment de la formation de la chrysalide, exceptée la partie écailleuse qui dessine les anneaux de l'abdomen, et qui laisse deviner par des formes en relief la place où se formeront ultérieurement les aîles, les pattes et les autres organes de l'insecte, l'intérieur, c'est le chaos. Un liquide épais, dans lequel nagent des mollécules de diverses grosseurs et de couleurs variées, voilà tout ce qu'on y trouve. Ces mollécules, après quelques jours, se recherchent, se trient, s'agglomèrent chacune à leur place, prennent de la consistance et finissent, après un laps de temps déterminé, par former complètement un être vivant.

Ce qu'il y a de remarquable dans cette phalène et dans toutes les phalènes en général, c'est que toutes les organes de la copulation, chez le mâle comme chez la femelle, sont, à quelques particularités près, complètement formées au moment de le rupture

au pourtour intérieur du thorax, il n'est pas douteux que c'est par leur entremise qu'a lieu le phénomène de la fécondation, et je serais tenté de croire que ces fibres ou nerfs, si déliés qu'ils paraissent, se composent chacun d'un faisceau d'autant de nerfs qu'il y a d'œufs, dont l'extrémité de chacun aboutit à un œuf, et sert au fluide spermatique de conducteur, comme dans la fécondation de l'épi de maïs, des fibres ou nerfs de même apparence servent de conducteurs au pollen.

Les figures 1, 2, 3, 4, 5, 6, 7, 8, 9, 10 et 11 de la planche 1re, indiqueront et feront mieux comprendre que toute démonstration écrite, soit les diverses phases du développement des organes de la génération, soit leur

---

de la pope, au contraire des autres genres de lépidoptère, chez lesquels ces organes ne sont complets que quelques jours après qu'ils ont pris leur essor.

Une autre erreur généralement accréditée au sujet des œufs de tous les insectes, c'est que leur grosseur proportionnelle diminue à mesure de leur éloignement du cloaque ; c'est-à-dire que le plus gros est celui qui doit être pondu le premier, et que celui-ci est parfait, lorsque le dernier est encore à l'état rudimentaire.

Ce qui est vrai pour les coléoptères et pour les ovipares qui doivent pondre à des époques déterminées, et mettre un intervale d'un ou de plusieurs jours entre chaque œuf, et qui doivent procéder à autant d'accouplement qu'il y a d'œufs, ne l'est pas pour tous, et surtout pour les phalènes, qui ne procèdent qu'une fois à l'accouplement, et qui pondent tous leurs œufs sans interruption ; chez elle, la grappe des ovaires est complète dans toutes ses parties, et les œufs sont également parfaits du haut en bas de la grappe, lors de l'accouplement.

forme et leurs fonctions; et ceci; une fois bien compris, mes prescriptions à cet égard le seront aussi.

Le mécanisme de l'accouplement est chose facile à deviner d'après la description qui précède. La verge du mâle s'introduit dans l'oviducte qui sert de vagin et de col à la matrice. Cet oviducte se renverse et présente son orifice intérieurement ; les parties sexuelles du mâle et de la femelle adhèrent étroitement. Le mâle agite ses ailes par saccades convulsives ; la femelle répond parfois, mais faiblement, à ces battements d'ailes ; ces mouvements ne semblent être que la répercussion de ceux du mâle. Dans cette position, la verge du mâle, développée dans l'oviducte de toute sa longueur, armée de deux crochets à son extrémité, donne, à l'aide de ces crochets aux deux parties, cette adhérence intime. Les mouvements saccadés des ailes du mâle produisent, par les tendons qui les lient, une pression sur les réservoirs spermatiques du thorax; leur contenu se vide par les tubes qui aboutissent aux testicules, et le fluide spermatique pénètre par la verge dans le cloaque ou matrice de la femelle; le reste de l'opération se présume, mais ne peut se décrire positivement, du moins quant à la manière dont il vivifie les œufs.

Ce qui se passe avant l'accouplement, c'est-à-dire l'état dans lequel se trouvaient les organes de la femelle, et ce qu'elles deviennent après, est chose trop essentielle à savoir pour ne pas le dire ici.

J'ai dit plus haut, que douze petites fibres ou nerfs partant du thorax, passant sous chaque ligne d'œufs entre ceux-ci et la membrane ovifère, venaient se perdre

de chaque côté dans les vésicules de la femelle. Ces petites fibres sont si déliées, qu'à peine, à l'aide d'un bon
microscope, ont-elles la grosseur apparente d'un fil de soie.
Au moment de la transformation, elles n'existent pas encore, ou du moins, si elles existent, on ne les aperçoit pas;
ce n'est que lorsque la femelle a subi quelques heures
de l'influence atmosphérique et qu'elle s'est vidée, qu'on
les aperçoit. Ces fibres, je n'en doute pas, sont un complément d'organisation indispensable. Il est donc très
important d'attendre leur complet développement avant
de mettre ces organes en fonctions. Le temps que ces
fibres mettent à prendre de la consistance, dépend beaucoup de la température où se trouvent ces insectes. Un
accouplement prématuré peut donc rencontrer cette partie
des organes imparfaite, et produire par conséquent une
fécondation vicieuse ; où ces fibres, n'ayant pas encore
la fermeté dont elles ont besoin, se rompre trop tôt et
laisser sans vie une partie des œufs.

J'ai oublié de dire que le thorax de la femelle contient
une liqueur limpide, visqueuse et gluante. Cette liqueur
est, je n'en doute pas, l'induit ou vernis destiné à faire
adhérer les œufs à l'objet sur lequel ils sont pondus.
Pendant la ponte, et au fur à mesure que les œufs tom-
bent dans le cloaque, la femelle lâche cette liqueur visqueuse par son tube intestinal, dont l'extrémité se perd
dans le cloaque; cette viscosité joue dans la ponte trois
rôles bien importants. D'abord elle donne aux œufs le
glissant dont ils ont besoin pour sortir de l'oviducte; elle
les colle à l'objet sur lequel ils sont pondus, et les pré-
serve ensuite du contact de l'air pendant le temps que la

nature leur a assigné pour rester inertes. J'ai fait de nombreuses expériences pour apprécier les rôles que joue cette viscosité, et de ces expériences que je relaterai ci-après , ressortent des enseignements de la dernière importance. Elles m'ont prouvé d'abord que cette liqueur visqueuse est indispensable à la conservation des œufs, et j'ai pu deviner les causes qui peuvent l'altérer ou la détruire; et c'est à ces causes d'altération ou d'absence de cette viscosité que j'attribue certaines éclosions prématurées et partielles qui ont lieu sur les linges quelques jours après la ponte; éclosions dont , jusqu'à présent , personne ne s'est rendu compte d'une manière exacte.

L'état dans lequel se trouvent les organes de la génération après l'accouplement , est chose très essentielle à savoir. Chez le mâle, si l'accouplement a eu lieu par une température élevée, après quelques heures, les réservoirs spermatiques sont complétement vides, et il ne tarde pas à faire des efforts pour se séparer ; c'est ce qui explique certains accouplements de quelques instants, lorsque le mâle a déjà fonctionné , ou lorsque la température à laquelle le couple est soumis est trop élevée.

Chez la femelle, lorsque le mâle fait des efforts pour retirer sa verge de l'oviducte, les fibres qui relient la membrane ovifère aux vésicules, se rompent, et la verge. à l'aide des crochets dont elle est munie, retourne l'oviducte ; ces fibres une fois rompues se contractent et se retirent vers le thorax ; dès lors cesse l'adhérence des œufs à la membrane ovifère, et commence leur chûte pêle-mêle dans le cloaque. La ponte commence quelquefois immédiatement ou tout au plus quelques instants après.

Lorsque l'accouplement a duré autant que les papillons l'ont voulu, la ponte commence immédiatement après, et il semble que sa durée est réglée par l'époque précise où la femelle est prête à pondre; lorsqu'au contraire cet accouplement est interrompu violemment, il s'écoule plusieurs heures avant que la femelle se mette en devoir de pondre. N'est-il pas évident que l'on doit s'abstenir de tout ce qui interrompt l'ordre naturel; que cette rupture violente peut endommager les organes de la femelle et les déchirer, et rendre par là la ponte, sinon impossible du moins pénible et difficile, et qu'il est impossible à l'homme d'apprécier d'une manière précise l'époque où la fécondation est parfaite. La durée de l'accouplement naturel se prolonge plus ou moins chez chaque couple, et varie pour chacun selon la température à laquelle les couples sont soumis. Ainsi, je le répète, la séparation violente du couple est une faute grave, à laquelle j'attribue cette inégalité dans la qualité des œufs apposés sur le même linge, de laquelle dérive ensuite celle qui se déclare plus tard, soit à l'éclosion, soit dans les diverses phases de l'existence des vers-à-soie, ainsi que certaines maladies partielles qui déciment les chambrées.

La durée de l'accouplement a été pour moi un problème long et difficile à résoudre; il m'a fallu bien du temps et bien des recherches pour me fixer là-dessus, et pour me convaincre que les résultats variés que j'obtenais provenaient plutôt d'une cause que d'une autre: ainsi, une fécondation imparfaite donne lieu aux mêmes accidents, produit les mêmes maladies que l'altération des

bons œufs, et ce n'est qu'en soumettant aux mêmes
chances de conservation ou d'altération, des œufs provenus d'accouplements faits dans diverses conditions, et
plus ou moins prolongés, que j'ai pu apprécier celles
dans lesquelles il est indispensable de faire procéder ces
insectes à l'accouplement ; en règle générale la fécondation complète de la grappe a besoin de cinq ou six heures
au moins lorsque la température est peu élevée ; que peut-
on espérer de bon, si une séparation violente ne donne
pas à ces insectes le temps nécessaire, et laisse inerte
une partie des œufs ? Que craint-on en le laissant se pro-
longer autant qu'ils le veulent ?

Il est impossible de préciser d'une manière absolue le
temps rigoureusement nécessaire à la fécondation complète de la grappe ; cette opération dépendant d'une multitude de circonstances que l'homme ne peut produire.
Ainsi, le développement complet des organes de la femelle, l'abondance plus ou moins grande du fluide spermatique chez le mâle, son plus ou moins d'énergie, le
temps plus ou moins long qu'il met à le dépenser, et une
infinité d'autres particularités inappréciables, dérivant
soit de la température, soit de la vigueur des insectes,
nous mettent dans l'obligation de laisser agir la nature.
Il y a, du reste, entre les œufs provenant d'accouplements
courts et prématurés et ceux provenant d'accouplements
retardés et naturels pour leur durée, une différence bien
grande, soit pour la conservation, soit pour la perfection
et la spontanéité d'éclosion, soit ensuite pour la vigueur
des sujets. Au chapitre 4, je relaterai quelques-unes des
expériences que j'ai faites là-dessus.

J'ai dit plus haut que le thorax de la femelle contenait une liqueur visqueuse, qu'elle vidait dans le cloaque par le tube intestinal, au fur et à mesure de la chute des œufs dans cette partie. Cette viscosité joue un rôle important, et lorsque quelque accident l'a détruite ou altérée, les œufs ne se conservent pas ; le développement de l'embrion peut avoir lieu immédiatement après la ponte. Voici une expérience répétée par moi pendant plusieurs années consécutives, et qui m'a éclairé là-dessus. Je dois avouer ici que le hasard a beaucoup contribué à me mettre sur la voie des expériences que j'ai faites, et dont je ne veux pas m'attribuer plus de mérite qu'elles en ont.

En 1834, la température, à l'époque de la ponte de mes papillons, était froide et humide ; le thermomètre, pendant la nuit, me donnait à peine treize degrés, et les femelles restaient inertes. Je mis des terrines dans la pièce où elles se trouvaient, afin d'augmenter sa température ; une personne de la maison, sans calculer l'effet qui pourrait en résulter, mit à mon insu, sur ces brasiers, du charbon de bois, dans une pièce hermétiquement fermée. L'effet ne se fit pas attendre : toutes les femelles qui se trouvaient sur les linges furent asphyxiées ; les unes avaient pondu complètement, d'autres en partie, et quelques-unes pas du tout. Je recueillis une grande partie de ces femelles (qui, j'oubliais de le dire, avaient toutes reçu le mâle), pour me livrer sur leurs cadavres, à des recherches anatomiques, et je recueillis avec soin, soit les œufs que je trouvai déjà séparés de la grappe et groupés pêle-mêle dans le cloaque, soit ceux encore adhérents à la grappe, que je me gardai bien d'en détacher.

Ces deux catégories d'œufs détachés et d'œufs adhérents à la grappe, furent exposés à la température de la pièce où se trouvaient les linges sur lesquels j'avais déjà fait pondre. Cette température fraîche fut de courte durée, et des chaleurs excessives la remplacèrent vers la fin de juillet. A cette époque, je m'aperçus qu'une myriade de vers à soie sortaient des grappes ovulaires que j'avais recueillies; mais je fis à cet égard une remarque singulière, c'est que toute la partie supérieure de la grappe avait fourni des embrions, et que la partie inférieure, c'est-à-dire cinq ou six rangs d'œufs, les plus voisins du cloaque, ainsi que la fraction d'œufs détachés et trouvés dans le cloaque, étaient restés inertes, avaient conservé leur couleur gris de lin violacée et paraissaient aussi frais que ceux pondus sur les linges. Dès lors je résolus de pousser à bout une expérience que le hasard avait jetée sous ma main. La portiondes œufs non éclos fut soumise aux mêmes chances de conservation que ceux de ma provision, soumise au printemps suivant aux mêmes chances d'incubation, et leur éclosion fut sinon supérieure, du moins égale en perfection avec ceux provenant des linges.

Cette singularité, cette différence existant entre la partie supérieure et inférieure de la grappe, et la ressemblance entre la partie inférieure et les œufs déjà tombés dans le cloaque, produisirent sur moi un effet dont je ne puis me rendre compte; ma curiosité et mon étonnement furent extrêmes. Depuis l'éclosion naturelle d'une partie,

jusqu'à l'éclosion artificielle de l'autre, je me perdis en
conjectures plus ou moins invraisemblables sur la fécon-
dité des uns et l'inertie des autres ; mais lorsque vint la
parfaite éclosion de ceux qui m'étaient restés (éclosion à
laquelle je ne m'attendais pas), oh ! alors, je ressentis je
ne sais quelle fièvre ou plutôt je ne sais quelle impatience
fébrile. Pendant toute la durée de cette éducation de
1835, c'est-à-dire depuis l'éclosion jusqu'à l'apparition
des premiers papillons, les cinquante jours qui s'écoulè-
rent me parurent cinquante siècles ; à chaque mue, à
chaque période de leur existence, je m'attendais à voir
apparaître quelque phénomène, à voir surgir quelque
maladie. Toutes mes conjectures, toutes mes prévisions
furent déjouées, les choses suivirent leur cours naturel,
il n'y eut aucune différence entre mes enfants du hasard
et les autres.

Enfin, quelques papillons apparurent ; je me souviens
encore des précautions minutieuses avec lesquelles je les
fis procéder à l'accouplement ; combien me parurent longues les quatre ou cinq heures pendant lesquelles il dura,
et le bonheur avec lequel je les asphixiais par centaines.
L'avidité avec laquelle je disséquais leurs pauvres cadavres, et, à travers tout cela, la patience avec laquelle
j'examinais la moindre particularité de leur organisation.
Bref, je recueillis avec soin une multitude d'œufs, les uns
sur des grappes intactes, les autres détachés et déjà tombés dans le cloaque. Ces œufs furent soumis à des températures différentes ; les uns essuyèrent tous les effets de
la température naturelle, et les autres furent soumis à
une température basse. Chez les premiers comme chez

les derniers, le même phénomène se renouvela, c'est-à-
dire que les premiers qui eurent une température oscil-
lante de 16 à 20 degrés fournirent, comme précédemment, une éclosion à la partie supérieure de la grappe,
vers la fin de juillet, et, chez les derniers soumis à une
température de 14 à 16 degrés, cette éclosion n'eut lieu
qu'au commencement de septembre, la partie inférieure
des grappes et les œufs tombés dans le cloaque, chez les
uns comme chez les autres, restant inertes (1).

---

(1) Une troisième hypothèse, que je considère comme une
erreur, non seulement pour les lépidoptères, mais en général pour
tous les ovipares, c'est celle qui se rattache à la destination d'un
fragment d'organe chez la femelle, auquel on a donné le nom
de poche copulatrice ou poche de Malpigy. L'opinion de ce savant qui, du reste, a été acceptée par la science, est, que la femelle tient en réserve dans cette poche le fluide spermatique que
le mâle y injecte, et que les œufs, en traversant l'oviducte, étant
obligés de passer devant le dégorgeoir de cette poche, y reçoivent
en passant le principe de vie dont ils ont besoin.

Il y a contre cette hypothèse de bien fortes raisons à donner. La
première, c'est que les œufs, lors de leur chute dans le cloaque,
sont enveloppés de leur coque, et dans ce cas, la fécondation
n'aurait lieu que par induit, ce qui est peu probable.

Chez tous les ovipares, les œufs qui composent la grappe adhèrent par un ligament quelconque à la tige de cette grappe. Cette
tige adhère elle-même aux organes de la copulation. Pourquoi ad-
mettre que l'œuf ne reçoit la fécondation que lorsqu'il est détaché
de la grappe et complet en tout, au lieu de penser que cette fécondation a pu avoir lieu pour lui, même à l'état rudimentaire,
par l'entremise des fibres qui le relient aux organes de la copulation? Si nous en jugeons par analogie, ne voyons-nous pas
dans l'ordre végétal, la fécondation des pepins, des noyaux et de

Ces observations et les nombreuses opérations anatomiques qu'elles ont nécessité cette année là et les sui-

---

toutes les graines en général, avoir lieu longtemps avant la formation de ces organes de la reproduction; et s'il est, à mon avis,
une hypothèse improbable, c'est celle qu'un œuf reçoive la vie,
justement au moment où il a cessé de faire partie de l'organisation qui l'a créé, et au moment où il devient pour elle un corps
étranger. A quoi donc, si cette hypothèse était admissible, ser-
viraient ces fibres qui servent de tige à chaque ligne d'œufs, et
qui se lient aux organes de la copulation? De quelle utilité serait
cette complication d'organes? Je suis convaincu que la poche de
Malpigy a une toute autre destination.

Je crois avoir deviné ce qui a donné lieu à cette erreur. Beaucoup de naturalistes ont pu, comme moi, constater un fait, celui
qu'en séparant violemment deux insectes accouplés, le penis du
mâle se rompt souvent, et reste engagé dans les organes de la
femelle. J'en ai souvent, chez les coléoptères, trouvés dans le
dégorgeoir de la poche copulatrice ; mais ce fait, qui à mon avis
n'est qu'une exception, ne peut impliquer d'une manière absolue
la destination de cette poche. N'est-il pas plus rationnel de penser que le mâle s'était fourvoyé, soit parce que la femelle, ayant
déjà procédé à l'accouplement, a pu elle-même prendre cette
fausse direction, ou bien, ne se trouvant pas disposée encore à
recevoir le mâle, ait, dans un but de résistance, disposé ses
organes de manière à faire prendre à celles du mâle une fausse
route. Qui sait si la nature n'a pas voulu que, dans ces deux cas,
il en fût ainsi? Ce qu'il y a de positif, c'est que le plus grand
nombre engagent leurs penis directement dans l'oviducte, et que,
dans ce cas, la séparation n'amène jamais la rupture du penis, et
dans le cas contraire, le penis reste presque toujours engagé.

Je n'ai pu, chez le *sericaria*, constater la présence de cette
poche copulatrice. J'y ai vu, adhérente aux vésicules, deux appen-
dices d'organes, leur formant de chaque côté un prolongement ;

vantes m'ont naturellement conduit à l'appréciation exacte des organes de la génération de ces insectes, et c'est la juste appréciation de la forme de ces organes qui m'en a fait deviner les fonctions, et résout pour moi ce problème.

---

cela tient-il à ma maladresse, ou bien l'alcool dont je me suis servi pour condenser ces organes en a-t-il modifié la forme et le volume, c'est ce que je ne saurais affirmer.

Mes expériences m'ont du reste appris, que cette poche, dont je n'ai pu constater la présence chez la phalène du sericaria, en supposant qu'elle y soit, et que ma maladresse me l'ait faite détruire en disséquant cet insecte, n'y joue pas le rôle de la fécondation, qui se passe très bien d'elle.

J'ai recueilli des grappes d'ovaires après l'accouplement, et je me suis convaincu par l'éclosion de tous les œufs de la grappe, sans exception, qu'ils n'avaient pas besoin de tomber dans le cloaque pour y recevoir le fluide vivifiant.

Chez les phalènes en général, ou pour mieux dire chez tous les lépidoptères, les œufs, en tombant dans le cloaque, y trouvent autre chose. Ce qu'ils y trouvent leur est aussi essentiel que la fécondation. C'est un vernis, c'est un enduit qui joue à leur égard deux rôles bien importants ; d'abord, celui de les faire adhérer à l'objet sur lequel ils sont pondus, puis celui de les conserver sans fermention, aussi longtemps que cela est nécessaire à la variété à laquelle ils appartiennent. Si l'incubation des œufs des lépidoptères pouvait, comme chez d'autres ovipares, suivre immédiatement la ponte, depuis longtemps, dans toutes les régions du globe où le cours de la végétation est interrompu par les hivers, il n'existerait pas une seule variété de lépidoptères. Mais le Créateur fut prévoyant quand il voulut que l'apparition de la chenille fût spontanée avec celle de la feuille ou de la plante qui doit la nourrir.

4

En effet, pourquoi une fraction de la grappe subissait-elle immédiatement les effets de l'atmosphère, et l'autre non ? Il ne pouvait y avoir aucun doute sur la cause de cette différence. Le développement de l'embryon ne pouvant avoir lieu sans la fermentation de l'albumine de l'œuf, et cette fermentation ne pouvant exister sans le contact de l'air, il était évident qu'une portion de la grappe était préservée de ce contact par un enduit, et l'autre privée de cet enduit. D'où provenait cet enduit ? Comment préservait-il une fraction et non l'autre ? Voilà ce qu'il importait de savoir, et voilà ce que m'a appris la forme spéciale des organes de la femelle. Son tube intestinal, partant du thorax et se perdant dans le cloaque, la liqueur visqueuse contenue par le thorax avant la ponte, et n'y existant plus après, enfin cette liqueur dont je me suis convaincu de l'effet, en enduisant moi-même des œufs détachés de la partie supérieure de la grappe, et qui se conservaient, tandis que ceux non détachés de la même grappe ne se conservaient pas, m'ont convaincu, dis-je, que cet enduit, provenant du thorax de la femelle, est le seul principe indispensable à la conservation des œufs.

Il est facile de se rendre compte maintenant de ces éclosions prématurées, souvent partielles, mais jamais générales ; de ces mauvais œufs d'une difficile conservation ; des altérations que peuvent subir de bons œufs ; enfin de ces développements prématurés d'embryons, dont les conséquences sont si funestes, et desquels surgissent la plus grande partie des maladies qui désolent nos ateliers.

Cet enduit conservateur peut exister en plus ou moins grande quantité dans le corps de l'insecte, ou sa qualité et sa quantité peuvent y être modifiées par divers accidents. Après la ponte aussi, cet enduit peut être altéré par la mauvaise tenue des œufs, ou par les divers procédés usités pour les détacher des linges. Quant à l'altération provenant de la mauvaise tenue des œufs, ou des lotions qu'on leur fait subir, je n'en parlerai pas ici, j'y reviendrai au chapitre 2e; je ne m'occuperai ici que des accidents qui peuvent ou en diminuer la quantité ou en altérer la qualité avant et pendant la ponte.

Avant la ponte, si les chrysalides sont exposées à une chaleur excessive, une partie de cet enduit est détruite par la transudation; c'est ce qui a lieu chez la majeure parti des chrysalides diûrnes, et ce qui explique la précocité de l'éclosion de leurs œufs. Les phalènes nocturnes ont le plus grand soin, à l'état sauvage, la chenille, de chercher un endroit frais et abrité des rayons du soleil, pour s'y transformer en chrysalide, et l'insecte parfait pour y déposer ses œufs. Ces précautions prises par l'insecte livré à lui-même, n'indiquent-elles pas celles que nous devons prendre. Dans le Midi de la France, et généralement dans les pays chauds, l'époque de l'accouplement et de la ponte est précédée des jours les plus chauds de l'année; et, pendant l'opération, il n'est pas rare d'avoir dans l'intérieur de nos maisons, 20 à 25 degrés de chaleur; aussi, lorsque cela arrive, comme en 1847, par exemple, tous les éducateurs se plaignent d'éclosions partielles après la ponte, et, malgré l'empressement qu'ils ont mis, cette année, à placer les œufs dans des lieux frais, j'en ai vu bon nombre, chez lesquels un changement de couleur dénotait une altération et un commencement de préparation. Je ne pense pas que l'on puisse attendre une réussite parfaite des œufs ainsi altérés. Je me suis, encore cette année, convaincu de la vérité de ce que j'avance. J'ai eu, comme tous les éducateurs de nos contrées, des œufs éclos en juillet, quoique pondus sur des linges. Leur éclosion a suivi de près celle des grappes d'ovaires que j'avais recueillis; mais ces œufs provenaient de papillons qui, depuis la transformation en chrysalide, avaient été exposés à une chaleur de vingt-cinq degrés le jour, et dix-huit à vingt la nuit. Les œufs provenant des chrysalides et papillons développés sous l'influence d'une atmosphère de 16 à 18 degrés, accouplés comme je le prescrirai plus tard, n'ont subi aucune altération, quoique soumis après la ponte à la même température que les autres ; j'en ai même, que j'ai exposés à la température extérieure pendant tout l'été et l'automne, et qui étaient encore en décembre, tels qu'ils étaient lors de la ponte. Leur couleur normale n'a pas reçu la moindre altération ; cette épreuve, que je répète depuis bon nombre d'années, m'a toujours donné le même résultat.

Ce n'est pas l'enduit visqueux provenant du thorax de la femelle qui donne la couleur gris de lin aux œufs, c'est le fluide spermatique. Les œufs non fécondés conservent leur couleur jaune canari. Cette viscosité est une espèce de vernis diaphane, qui donne aux œufs un brillant que n'ont pas ceux qui en sont privés.

Parmi les œufs pondus par la même femelle, il y en a

souvent qui éclosent, et d'autres qui n'éclosent pas en été.
Cela s'explique facilement : lorsque la viscosité, raréfiée
par les causes susindiquées, est épuisée avant la fin de
la ponte, les derniers pondus sont ceux qui, privés de
cet enduit, subissent immédiatement l'influence atmosphérique qui détermine l'éclosion. Les premiers pondus
peuvent, dans certains cas, être ceux auxquels cet enduit
manque ; toutefois, on peut les reconnaître à leur couleur, plus foncée que les autres, mais matte et sans
brillant.

Voici le cas dans lequel les œufs, premiers pondus,
peuvent être privés d'enduit : au moment de l'apparition du papillon, c'est-à-dire lorsqu'il sort de son enveloppe soyeuse, l'abdomen de la femelle contient une liqueur opaque, de couleur brique pilée. Cette liqueur est
contenue par le sac ovulaire, elle enveloppe de toutes
parts la grappe. Si l'accouplement a lieu immédiatement,
avant que la femelle se soit débarrassée de cette liqueur,
les œufs qui se détachent les premiers de la grappe, tom-
bent dans le cloaque, où ils trouvent cette viscosité dé-
layée par la présence de cette liqueur étrangère, et dès-
lors, l'enduit altéré ne peut produire sur les œufs l'effet
qui lui est propre. Ce n'est qu'après que la femelle s'est
débarrassée de cette surabondance d'humeur, que les œufs
peuvent recevoir de l'enduit, les principes de conservation
dont ils ont besoin. Je serais tenté de croire même, que la
présence de ce liquide nuit à la fécondation et atténue les
effets du fluide spermatique. Les expériences que j'ai
faites sur les œufs provenant de pareils accouplements,
n'ont pas peu contribué à affermir chez moi cette opinion.

D'abord ces œufs ont toujours été d'une difficile conservation , leur éclosion très irrégulière, et les vers-à-
soie en provenant peu robustes, et atteints la plupart du
temps de maladies sérieuses , se décimant pendant toute
l'éducation, et ceux qui arrivaient à bout, faisant de très
mauvais cocons. Les maladies dont j'attribue la cause
aux accouplements immédiats, sont nombreuses : j'y reviendrai au chapitre 4. Ces maladies tiennent-elles à ce
que les organes de la femelle ne sont pas encore suffisamment développés , ou tiennent-elles à la présence de
cette liqueur étrangère, ou tiennent-elles aux deux causes
réunies? C'est ce qu'il serait très difficile d'établir. Ce
qu'il y a de positif , c'est que ces accouplements produisent de très mauvais œufs , d'une difficile conservation ,
et donnent lieu à des maladies originelles très sérieuses.

Quand on se promène dans le vaste champ des conjectures , il est du devoir d'un écrivain consciencieux de
les faire le plus vraisemblable que possible.

Comme on le verra au chapitre 2, mon opinion est que
les œufs des lépidoptères sont fécondés par enduit, que le
fluide spermatique enveloppant extérieurement la coque
de l'œuf est lui-même recouvert d'un vernis destiné à le
maintenir inerte pendant un laps de temps déterminé. Je
crois avoir suffisamment démontré la présence de cet enduit ; il me reste à expliquer mon opinion quant au fluide
spermatique. Avant l'accouplement, c'est-à-dire quelques
heures après la formation de l'insecte parfait , les œufs
sont déjà revêtus de leur coque, au contraire de ceux des
bipèdes ailés et des reptiles ovipares chez lesquels, au
moment de l'accouplement, il n'existe encore que le

jaune, la formation de l'albumine n'étant déterminée ou plutôt ne commençant qu'après l'accouplement, et la coque se formant seulement quelques heures avant la ponte et après la chute de l'œuf dans le cloaque. Il s'écoule quelquefois chez les bipèdes ailés, un mois ou deux, entre l'accouplement et la ponte. Il m'est arrivé de détruire les mâles des canards deux mois avant la ponte, et d'avoir sur la totalité de la ponte la moitié au moins des œufs fécondés. Ce qu'il y a de bien positif chez les lépidoptères, c'est que la coque de l'œuf est formée avant l'accouplement, qu'elle a toute la consistance qu'elle peut avoir, que dans le cas de non fécondation l'œuf conserve sa couleur jaune; qu'après l'accouplement, et lorsqu'il a été exposé au contact de l'air, il revêt une couleur gris de lin à l'extérieur, sans que l'on puisse apercevoir le moindre changement de couleur, soit à la paroi intérieure de l'œuf, soit dans son contenu ; dans l'œuf fécondé comme dans l'œuf stérile, le jaune, l'albumine et la paroi intérieure de la coque, restent les mêmes après la fécondation.

La fécondation a-t-elle lieu par l'entremise de cette petite fibre qui se trouve interposée à chaque ligne d'œufs, entre ceux-ci et la membrane ovifère? c'est possible. Se détache-t-il de ce ligament général autant de petits segments qu'il y a d'œufs? l'extrémité de chacun de ces segments communique-t-elle avec l'intérieur de l'œuf, et donne-t-elle à chacun sa part du fluide qui circule par le conducteur commun? c'est encore possible, mais comment l'affirmer? aucune ouverture apparente, aucun endroit visible, du moins, par lequel on puisse affirmer que le fluide spermatique pénètre directement à l'intérieur, rien enfin de visible, de palpable que le changement de couleur de la partie extérieure de la coque. Hors, comment en conclure autre chose, sinon que le fluide spermatique est un enduit.

J'ai voulu savoir si la fécondation de l'œuf pouvait avoir lieu artificiellement. Ayant remarqué que la liqueur contenue dans les deux vésicules du mâle, limpide dès le principe, prenait au contact de l'air la même couleur gris de lin que les œufs revêtent après la ponte, et convaincu, par la conformation des organes de la génération, que ces deux vésicules situées sous les ailes, n'étaient autre chose que les réservoirs spermatiques, j'ai enduit des œufs provenant de femelles non fécondées avec cette liqueur; ils ont parfaitement revêtu la couleur gris de lin, mais ils n'ont pas éclos. Cela, du reste, ne m'a pas surpris; il existe des conditions, des règles posées par le Créateur; le fluide spermatique, chez tous les êtres vivants, est soumis, pour être puissant, à recevoir certaines modifications, à s'unir à certaines substances analogues qui ne se rencontrent que chez la femelle, ou qui ne peuvent être produites que par le coït; et ces mélanges, ces conditions de puissance, sont restées pour nous des secrets impénétrables.

Voilà les motifs qui m'ont fait émettre cette opinion, mais je ne la donne que comme la conjecture, à mon avis, la plus vraisemblable et la plus rationnelle. Je me rends parfaitement compte de cet enduit vivifiant, de l'enduit qui le recouvre et paralyse son effet, jusqu'à ce que ce dernier, altéré ou détruit par le temps ou par accident,

permette à l'influence atmosphérique de mettre en action
ce fluide fécondant destiné à provoquer la fermentation
de l'albumine, et la naissance de l'embryon. Je comprends
parfaitement, qu'au travers une coque poreuse son effet
puisse se faire sentir; ce système me fait comprendre
pourquoi les œufs de cet insecte résistent pendant un
temps déterminé à l'influence d'un climat assez chaud
pour provoquer une formation d'embryon immédiate ;
et en supposant le germe ou le fluide spermatique à l'intérieur, je ne pourrais pas comprendre comment l'œuf,
placé dans toutes les conditions convenables à l'incubation, ne ferait pas comme ceux des bipèdes ailés , chez
lesquels l'incubation et le développement de l'embryon,
commencent en même temps que la clôture de la ponte;
en effet, ce délai de 2, 3, 4, 5 et 6 mois , contre lequel
tous les procédés d'incubation viennent échouer, existe-
rait-il , s'il en était de ces œufs, comme de ceux des
autres animaux chez lesquels le fluide spermatique est
casé à l'intérieur de la coque?

Mes lecteurs me pardonneront sans doute ces longs
détails de lépidoptérologie, je les ai cru nécessaires , et
je les prie de croire que le désir de les mettre en garde
contre le charlatanisme , plutôt que celui de faire de la
science, m'a déterminé à publier ces détails d'histoire
naturelle, que j'avais toujours eu l'intention de garder
pour moi. Après les longs développements qui précèdent,
la manière de faire procéder ces insectes à l'accouplement et à la ponte sera chose facile à prescrire.

—

§ II.

PROCÉDÉS D'ACCOUPLEMENT ET DE PONTE
DU BOMBIX SERICARIA.

La beauté, la pureté des races chez tous les animaux qui peuplent la terre, ne se maintient que chez les sujets sains et vigoureux. La dégénérescence est fille du vice, soit dans les mœurs, soit dans l'organisation.

Chez les animaux, le changement de climat, une manière de vivre autre que celle que la nature prescrit, est un vice de mœurs qui amène toujours un vice d'organisation, et les extraits de sujets dégénérés le sont encore davantage.

La première condition pour avoir de bons œufs est donc celle d'avoir des papillons sains et vigoureux ; ainsi, le choix de ceux que nous destinons à la reproduction de l'espèce, est de la plus haute importance.

Cette vérité est si bien comprise par tout le monde, que tous les auteurs qui ont écrit sur la matière, la proclament, et que même les *charlatans* qui nous promettent des *œufs pur sang*, l'exploitent. L'un d'entre eux indique un moyen de parvenir comme lui, mais au bout de *dix ans*, à avoir de bons œufs, et le moyen qu'il indique, au lieu d'être le vrai moyen, est au contraire un moyen presque inévitable d'arriver le plus rapidement possible à la dégénérescence. Il indique la précocité à toutes les époques de la vie de ces insectes, comme le meilleur indice de vigueur, et cette précocité n'est, le plus souvent, qu'un indice d'altération dans les organes ou le résultat de certaines conditions d'existence extraordinaire. La vigueur n'est pas dans la précocité d'éclosion, qui le plus souvent tient à l'exiguité de la coque de certains sujets ou à l'altération de l'œuf ; elle n'est pas non plus dans la précocité qui se manifeste souvent à diverses époques de la vie de quelques sujets, soit à l'époque des mues, soit à la montée, précocité qui tient souvent à la position spéciale du sujet ou à un vice de constitution ; en règle générale l'accomplissement régulier des diverses périodes de l'existence, ainsi que la nature le prescrit, le temps rigoureusement nécessaire à cet accomplissement, sont des meilleurs indices de vigueur que la précocité. A mon avis les avant-coureurs ne valent pas plus que les retardataires ; chez les uns comme chez les autres il y a excès, et l'excès en tout est nuisible.

Il y a heureusement des indices plus certains que ceux que ces messieurs nous indiquent, et nous pouvons, sans avoir recours à leurs œufs *pur-sang*, ou à dix ans de patience, choisir nous-mêmes de bons cocons, desquels sortiront des papillons vigoureux, et qui nous fourniront des œufs excellents.

Pour le choix des cocons reproducteurs, la condition est, qu'ils proviennent d'une chambrée saine, et dans laquelle aucune maladie originelle n'ait fait des ravages. Il faut éviter avec soin les cocons provenant d'éducations trop hâtives, chez lesquels la formation de la chrysalide ait eu lieu sous l'influence d'une température trop élevée. Voici pourquoi : la transudation excessive raréfie les divers liquides, qui plus tard doivent fournir à la formation des organes de l'insecte parfait, et cette raréfaction amène indubitablement la dégénérescence. De plus, les cocons provenus de ces éducations sont ordinairement gommés, et l'insecte a le plus souvent une grande peine à sortir de son enveloppe.

Les cocons qui contiennent les chrysalides les mieux constituées, sont ceux dont le brin serré, fin et mat, présentent sur toutes leurs faces une résistance égale. L'insecte qui l'a tissé était vigoureux et bien constitué. Ceux dont les extrémités sont faibles et peu fournies, dont le brin est satiné, dont l'enveloppe est en général peu fournie, dénotent un insecte malade et dont la constitution est altérée ; enfin, ceux qui pourraient rendre la plus belle soie et en plus grande quantité sont les meilleurs.

Il existe le plus souvent, à quelques exceptions cependant, une différence dans la forme du cocon du mâle avec celui de la femelle. Ce dernier est le plus gros et présente à son centre un étranglement moins sensible. Dans le choix on doit donc, autant que faire se peut, mettre une quantité égale de cocons présumés de chaque sexe et les séparer.

Quelques personnes font de leurs cocons des chapelets qu'ils suspendent; d'autres les mettent pêle-mêle dans des corbeilles; je ne fais aucune différence entre ces deux méthodes, l'une et l'autre sont sans inconvénient, pourvu toutefois que ces chapelets ou que les corbeilles qui contiennent les mâles, ne soient pas trop près de celles qui contiennent les femelles.

Une précaution utile, et qui peut obvier à de très graves accidents, consiste à entamer avec un instrument tranchant une des extrémités des cocons que l'on présume renfermer des femelles. Tout le monde connaît la peine qu'elles éprouvent par rapport à la grosseur de leur abdomen à franchir l'étroite ouverture qu'elles se fraient au travers de leur enveloppe. Cette difficulté amène souvent de fâcheux accidents; soit que les fibres qui doivent relier la grappe aux vésicules de la matrice soient formés, soit qu'ils ne le soient pas, il arrive souvent qu'une certaine quantité d'œufs sont par cette pression détachés de la grappe, et il est rare que cette pénible opération n'amène pas quelque perturbation à cette organisation délicate et fragile. Ce fait dont tous les éducateurs ont pu se convaincre comme moi, par ces pontes prématurées qui commencent quelquefois aussitôt la sortie du cocon, est plus grave qu'on ne le pense. La rupture totale ou partielle de ces organes, ne peut avoir d'autre résultat que celui de fournir des mauvais œufs, mal fécondés ou privés d'une partie des principes indispensables à leur qualité.

Cette ouverture, faite comme une soupape, doit être refermée pendant le développement de la chrysalide; on pourrait même ne la pratiquer que peu de jours avant l'apparition du papillon; la nature a voulu que cette transformation se fît à huis clos.

Les précautions ci-dessus sont essentielles, mais elles ne sont rien en comparaison de celles que je vais prescrire. Je veux parler de la température sous l'influence de laquelle doivent avoir lieu le développement de l'insecte, l'accouplement et la ponte (1).

Cette température ne doit jamais excéder 18 degrés, et ne doit pas être inférieure à 15. Seize degrés, voilà le point le plus avantageux ; je crois avoir suffisamment expliqué les motifs de cette prescription.

Lorsque les papillons apparaissent, il faut avoir le plus grand soin de les séparer, afin d'éviter l'accouplement immédiat. Les femelles se reconnaissent facilement à la grosseur de leur abdomen et à leurs antennes qui sont moins développées que celles des mâles. Si le choix des cocons a été heureux, cette opération est facile. Je me sers pour cette séparation de deux planches de sapin placées aux deux extrémités de la pièce. Ces planches sont brutes et sèches. A chaque jour je change de place, afin que les déjections des papillons soient sèches. Après cette séparation qui commence au plutôt à six heures et qui se termine à huit, si les cocons

---

(1) L'observance rigoureuse de ces prescriptions, n'est pas chose facile à ceux qui procèdent sur une grande échelle, et je mets en fait qu'au-delà de 25 à 30 kilos de cocons, il est impossible, quelque soin qu'on y prenne, de parer à tous les inconvénients.

Ainsi, ceux qui vendent annuellement les œufs de 5 à 600 kil. de cocons, m'ont obligé à certains petits calculs dont voici l'analyse :

Ces 5 ou 600 kil. de cocons supposent au moins 2,000,000 de cocons ; en supposant cinq jours pour la sortie des papillons, on en aura 400,000 par jour. Pour les prendre à la sortie du cocon, les séparer, placer les uns sur le linge égouttoir, les autres dans les boîtes à trous, en supposant qu'on ne dépense que quatre secondes par papillon, ce qui est impossible, surtout si on y ajoute le temps de les reprendre, de les accoupler, de les séparer, de placer les femelles sur les linges, etc., il faudrait à un homme 444 heures, et pour le faire en une heure, il faudrait 444 personnes.

Ce calcul n'est pas le seul auquel m'ont obligé certains prospectus ébouriffants qui promettent jusqu'à 150 kil. de cocons par once, ce qui m'a fait trouver jusqu'à 85,000 œufs dans une once, soit au moins deux embryons par œuf.

Aussi je n'hésite pas à affirmer que les plus mauvais œufs sont ceux que l'on achète chez ces immenses pacotilleurs, chez lesquels cette opération d'accouplement et de ponte est un ramassis de bons et de mauvais sujets, un salmi abominable et un sauve qui peut général.

des femelles ont été ouverts, je maintiens une obscurité complète dans la pièce pendant toute la journée. A six heures du soir, si la température est de 15 à 16 degrés, et à quatre, si elle est de 18 à 20 degrés, j'ouvre les volets pour donner de la lumière, et mettre les mâles en mouvement ; je les prends alors et je les réunis aux femelles. Au même instant ils se cherchent et s'accouplent.

Au fur et à mesure que les couples se forment et adhèrent étroitement, je prends les mâles et les femelles en même temps par les ailes, et je les place sur les linges où les femelles doivent pondre. Ces linges, qui sont en laine ou en coton, sont tendus et inclinés à 45 degrés.

Le lendemain matin, dès l'aube du jour, une partie des mâles a déjà quitté les femelles, je les enlève et les jette ; je procède alors à la séparation de ceux qui sont encore couplés, ce qui à cette époque est très facile, l'adhérence n'existant pour ainsi dire plus. Cette opération est à peine terminée, que la sortie de nouveaux papillons nécessite les soins de la veille.

Il arrive, en procédant ainsi, que quelques femelles pondent quelques œufs avant l'accouplement, mais il ne faut pas s'en effrayer ; les œufs pondus sont ceux qui, détachés de la grappe par un accident quelconque, sont déjà tombés dans le cloaque, et n'auraient reçu qu'une fécondation imparfaite, ou n'auraient pas du tout été fécondés. La rupture naturelle des ligaments de la grappe ayant lieu par le fait de l'accouplement même, les œufs détachés par accident avant l'accouplement, étant privés des bénéfices d'une organisation intacte, ne doivent être que de très mauvaise qualité.

Si la température que je recommande de 16 à 18 degrés est rigoureusement maintenue jour et nuit dans la pièce, la ponte se termine pour chaque femelle en quarante-huit heures, pourvu, toutefois, que l'obscurité complète y existe, la ponte étant beaucoup plus rapide la nuit que le jour. Pourvu aussi que les organes des pondeuses n'aient été en aucune manière froissées ou déchirées. Dans ce dernier cas, la ponte est rarement complète. De même lorsqu'une température excessive a pressé le développement de l'insecte, et que cette haute température se maintient pendant l'accouplement et la ponte, il est bien rare que les femelles pondent la totalité de leurs œufs, malgré l'empressement et la rapidité qu'elles y mettent. J'attribue cet accident à la rareté du liquide visqueux, qui, destiné à donner aux œufs le glissant dont ils ont besoin pour traverser le défilé de l'oviducte, se condense à l'intérieur par l'effet de la chaleur excessive, et colle entre eux les œufs dans le cloaque. L'autopsie d'une multitude de femelles qui se trouvaient dans un cas pareil, et dans lesquelles je trouvais une pelotte d'œufs collés ensemble, et par cela même d'une ponte impossible, m'a prouvé jusqu'à l'évidence les fâcheux effets d'une température trop élevée. Ces œufs revêtent comme les autres, au contact de l'air, la couleur normale des œufs fécondés, ils éclosent dans les mêmes conditions; mais cet accident est l'indice d'une ponte faite sous de fâcheuses influences, et de mauvais augure pour la qualité des œufs.

La ponte une fois terminée, les œufs revêtent bientôt la couleur normale gris de lin propre aux œufs fécondés. Il convient de laisser les linges exposés à la température naturelle de la pièce pendant au moins quinze jours, afin que les linges et les œufs qui les couvrent acquièrent une dessécation complète, et que l'enduit visqueux acquière toute la consistance dont il a besoin pour produire l'effet qu'on en attend. Il n'y aurait aucun inconvénient, si les œufs sont de parfaite qualité, à laisser les linges en place pendant six mois, pourvu qu'ils fussent à l'abri des rats qui en sont friands. Ainsi que l'ai expliqué précédemment, les bons œufs ne craignant rien de l'influence de la chaleur et du froid pendant un laps de temps déterminé, tous les ans depuis longtemps, afin de m'assurer de la qualité de mes œufs, j'en expose à la température extérieure une petite fraction, qui, lorsque j'avais bien procédé, n'ont jamais éclos avant le printemps. Je ne vois pas non plus un bien grand inconvénient à les placer de suite, c'est-à-dire lorsque les linges sont secs, dans un lieu frais, pourvu, toutefois, que ces linges ne soient pas pliés et entassés, de manière à ce que les œufs n'aient pas d'air. L'entassement des

linges peut produire une fermentation qui développe une moisissure, et cette moisissure est pour les œufs une altération très
grave.

M. de Boullenois, secrétaire de la Société séricicole de France,
a eu l'obligeance de me communiquer un appareil fort simple,
mais fort ingénieux, dont M. Parynies (Sainte-Marie) de Courche-
verny (Loir-et-Cher) est l'inventeur, sur lequel s'enroulent en
spirale les linges couverts d'œufs; l'air circule librement dans
l'appareil, et les œufs y sont sur toutes les faces en contact avec
l'atmosphère de la pièce.

Au chapitre suivant, je donne de nouveaux détails lépidoptérologiques, que j'ai cru nécessaires pour faire comprendre l'importance de la conservation des œufs.

CHAPITRE II.

OVOLOGIE ET CONSERVATION DES ŒUFS, INCUBATION.

§ Ier.

NOUVEAUX DÉTAILS

DE L'OVOLOGIE DES LÉPIDOPTÈRES,

ET PARTICULIÈREMENT DU BOMBIX SERICARIA

(VER-A-SOIE).

—

CONSERVATION DES ŒUFS.

Je ne pense pas devoir insister ici sur l'importance qu'il y a à avoir de bons œufs, et sur celle de les faire éclore dans de bonnes conditions ; au chapitre IV, où je parlerai des maladies et de leurs causes, on verra que presque toutes les maladies sont originelles, et proviennent, ou de la mauvaise qualité des œufs, ou, s'ils étaient bons, de leur mauvaise conservation, ou enfin, d'une mauvaise éclosion. Il est donc indispensable, pour réussir dans une éducation de vers à soie : 1° d'avoir de bons œufs ; 2° de les bien conserver ; 3° de les faire éclore convenablement.

Les moyens d'avoir de bons œufs ne gissent pas uniquement dans le choix des insectes destinés à la reproduction ; il existe d'autres conditions indispensables de température, d'autres soins importants pour les faire procéder à l'accouplement et à la ponte,

5

sans lesquels, avec les meilleurs papillons du monde, on obtiendra les plus mauvais œufs possibles. Ces moyens et ces soins étant indiqués au chap. 1er, et la marche naturelle d'un ouvrage de ce genre, m'obligeant à suivre ce lépidoptère depuis sa naissance jusqu'à ce qu'il soit insecte parfait et propre à la reproduction de son espèce, je ne parlerai dans ce chapitre que des moyens de conserver les œufs, de les faire éclore.

Pour obtenir des œufs dans les meilleures conditions possibles, je n'ai pas cru, comme certains charlatans, que je possédais un secret, et surtout je n'ai pas, comme eux, abusé de la crédulité publique, et essayé de vendre à l'État, qui ne s'y est pas laissé prendre, et vendu ensuite aux particuliers, qui y ont été pris, un secret que tout le monde possédait avant de l'acheter, secret qui, au bout du compte, n'était autre chose qu'une spéculation vaste et hardie. Cet admirable puff à dix francs par tête pour le passé, et à dix ou douze francs l'once d'œufs pour l'avenir, n'aura pas heureusement pour leurs auteurs, le résultat qu'ils en attendaient, la mèche est éventée, et le bons sens public en fait justice. Laissons de côté ces secrets, car je pense que s'il en existe en ovologie d'insectes, la nature seule les possède. Observons cette nature avec soin, faisons comme elle, et nous posséderons tous le secret de bien faire.

La condition d'avoir de bons œufs n'est pas la seule indispensable; celle de leur conservation est au moins aussi importante. Les meilleurs œufs peuvent devenir très mauvais, s'ils sont mal tenus, et les mauvais œufs bien tenus, ne s'améliorent pas et sont d'une très difficile conservation. Les bons œufs sont ceux provenus de papillons sains et biens portants, chez lesquels l'accouplement, fait en temps opportun et par une température convenable, a été suivi d'une ponte opérée également en temps opportun, par un degré de chaleur convenable au genre de lépidoptères auxquels appartient cette phalène, et soumis ensuite aux variations de température auxquelles ils eussent été soumis à l'état sauvage. Pour bien faire comprendre ce qui précède, il est nécessaire de donner ici quelques détails sur la différence qui existe dans les œufs de divers lépidoptères, suivant la tribu dont ils dépendent, et sur la différence qui se manifeste même dans les œufs de la même tribu, suivant les phénomènes météorologiques qui ont eu lieu lors de l'accouplement et de la ponte des papillons. Une multitude d'expériences faites par moi depuis au moins dix ans, m'ont convaincu qu'il existe pour chaque famille , genre ou tribu de lépidoptères, des conditions d'accouplement et de ponte, indispensables à la réussite de leur reproduction. Je relaterai ici quelques-unes de ces expériences ; elles seront utiles à expliquer ces anomalies qui nous étonnent souvent , ces éclosions prématurées faites à une époque autre et dans des conditions différentes que celles que la nature a prescrites ; elles mèneront surtout à comprendre ce qui se passe dans les œufs de ces insectes lors de leur incubation, et comment la nature procède, pour développer en eux les germes ou embryons qu'ils contiennent, les diverses phases de ce développement, et les diverses causes qui peuvent en subvertir la marche naturelle.

Le ver-à-soie de la famille des *phalènes nocturnes,* genre *bombix* , est exotique ; quoique obligé par nous à habiter un climat qui n'est pas le sien, la nature l'a doué d'assez de vitalité pour y vivre ; mais à l'état sauvage, comme à l'état domestique, elle lui a assigné une manière de naître, d'exister et de reproduire son espèce, à laquelle nous ne devons pas le faire déroger.

La famille des lépidoptères est très nombreuse, puisque les naturalistes en reconnaissent plus de six mille variétés. Chacune d'elles a sa nourriture spéciale, ses mœurs, l'époque de sa naissance fixée, les diverses phases de son existence réglées ; en un mot, pour chaque genre, pour chaque tribu, les époques de naissance, la durée de la vie, la manière d'être, enfin, varient à l'infini d'un genre à l'autre, et se ressemblent à peu de chose près dans chaque tribu, et tout-à-fait dans chaque variété.

Le sujet que je traite ne me permet pas d'entrer dans de grands développements lépidoptérologiques ; je suis cependant obligé, pour être bien compris, d'entrer dans quelques détails, et de relater quelques-unes des nombreuses expériences que j'ai faites sur les œufs d'une multitude de lépidoptères, et sur ceux du *bombix séricaria*. Ces quelques notions d'ovologie des lépidoptères serviront au moins à préserver nos éducateurs du charlatanisme de certains possesseurs de secrets, dont les spéculations sont toujours préjudiciables à l'industrie.

La nature a assigné à chaque variété de chenille l'époque de sa naissance, et cela ne pouvait être autrement, parce que cette bonne mère a voulu que tous les êtres qui peuplent la terre puissent trouver en naissant, l'herbe, la feuille, le bois ou le fruit qui doivent les nourrir.

Pour que cette loi immuable pût rigoureusement s'exécuter, il a fallu qu'elle prescrivît à chaque variété une manière et une époque de procéder à la reproduction de l'espèce ; que cette manière et cette époque modifiassent la nature des œufs, leurs dispositions plus ou moins hâtives à l'éclosion ; en un mot, que cette manière de faire, cette époque, ces conditions d'accouplement et de ponte, donnassent aux œufs de chaque variété les principes de conservation inhérents aux principes de vie, et que ces principes combinés, déterminassent d'une manière précise, l'époque où l'insecte pourrait naître et vivre.

Je me bornerai ici à relater les trois grandes divisions que les naturalistes ont fait de l'innombrable famille des lépidoptères: *Les diûrnes, les crépusculaires, les nocturnes.* L'époque de la naissance de chaque sujet de ces trois genres, étant la même pour chaque sujet de la même espèce, et variant à chaque genre, la durée de l'inertie des œufs de chaque genre, le degré de température nécessaire à leur éclosion, déterminant l'époque de cette éclosion, je me suis attaché à rechercher les causes de cette durée d'inertie, et j'ai reconnu qu'elles dépendaient uniquement des conditions dans lesquelles l'accouplement et la ponte avaient lieu, conditions que la nature impose à chaque tribu d'une manière différente, afin que l'époque de l'éclosion de chacune variât selon le genre, la tribu ou l'espèce, et correspondît avec l'apparition de l'objet qui doit la nourrir.

Ainsi, la plus grande partie des chenilles *diûrnes* naissent en automne, passent l'hiver dans un abri qu'elles se créent à l'aide d'une ou plusieurs feuilles qu'elles enveloppent d'un tissu qu'elles filent, et accomplissent ensuite au printemps les diverses autres phases de leur existence de chenilles.

Cette règle présente des exceptions. Il advient souvent que, dans la même variété de diûrnes, on rencontre sur le même arbre des éclosions d'automne et d'autres au printemps. La cause de ces exceptions est facile à deviner : une multitude de chrysalides ou *popes* ne sont pas toujours placées dans de bonnes conditions ; le développement de l'insecte parfait n'a pas toujours lieu dans le temps prescrit par la nature ; l'accouplement et la ponte s'effectuent souvent sous l'influence d'une température opposée à celle qui convient, et de là le retard apporté, de là la subversion du principe naturel et les anomalies qui vous étonnent. Quoi qu'il en soit, mes expériences m'ont démontré d'une manière positive, que le Créateur a voulu que les œufs de chaque variété de lépidoptères, pondus dans les conditions convenables à l'espèce, restassent inertes pendant un temps déterminé ; aussi, quelque soient les procédés qu'on emploie pour subvertir cette loi commune, pour abréger la durée de l'inertie des œufs des lépidoptères, le fluide spermatique dont ils sont imprégnés n'agit sur leur contenu et ne développe en eux les embryons, qu'après ce laps de temps écoulé. La durée de cette période varie selon le genre ; elle est de deux à trois mois pour les *diûrnes*, de cinq à six mois pour les *nocturnes*, et de six à sept mois pour les *crépusculaires*. Ainsi, la totalité des chenilles *pubertes* donnant naissance ou produisant, les sphinx ou les phalènes crépusculaires ou nocturnes éclosent au commencement, au milieu, ou à la fin du printemps, quoique leurs œufs aient, pour la plupart, été pondus à la fin du printemps ou au commencement de l'été.

Cela se passe ainsi à l'état sauvage, toutes les fois que la nature a suivi sa marche régulière ; or, s'il y a des exceptions ou des anomalies, ne doit-on pas les attribuer, à l'état sauvage, à des accidents ou à des phénomènes météorologiques, et à l'état domestique, au peu de soins que nous mettons à imiter la nature.

Les lépidoptères, selon leur variété, devant éclore à des époques différentes, le Créateur leur a prescrit de s'accoupler et de pondre chacun dans des conditions spéciales; ainsi, les *diûrnes* s'accouplent et pondent en plein jour, aux époques les plus chaudes de l'année, juin et juillet, sous l'influence d'un soleil ardent; aussi leurs œufs éclosent à la fin de l'été quelquefois, mais le plus souvent en automne. Pour leur éclosion, une température peu élevée suffit; en octobre 1845, des œufs de diverses variétés de cette famille, posés en forme de bague sur des brindilles de pommiers, ont éclos dans une cave par une température de 7 degrés Réaumur, 4 mois après la ponte, et ceux qui étaient restés sur l'arbre, exposés à la température naturelle, étaient éclos un mois plus tôt, ce qui m'a fait penser, ainsi que je l'ai dit plus haut, que la durée de l'inertie des œufs était fixée, et que l'énergie du fluide spermatique et la précocité d'éclosion qui en dérive, ne devait être attribuée qu'à l'énergie de la température sous laquelle l'accouplement et la ponte ont eu lieu.

Si au moment où la nature prescrit aux diûrnes de s'accoupler, une température froide et humide les surprend . si la ponte a lieu dans des conditions pareilles, il advient que les œufs sont imparfaits, leur éclosion attardée, et que la plupart du temps, les chenilles en provenant périssent de maladies, avant d'avoir accompli toutes les phases de leur existence. Telle est heureusement la cause qui nous débarrasse quelquefois de ces myriades de chenilles *diûrnes* qui désolent nos plantations.

Dans la famille des *sphingides crépusculaires*, l'accouplement a lieu au crépuscule et la ponte la nuit, par une température toujours de beaucoup inférieure à celle où la nature a prescrit aux *diûrnes* de s'accoupler et pondre; aussi, l'éclosion de leurs œufs n'a jamais lieu qu'au printemps, quoique la majeure partie des femelles pondent au commencement ou à la fin de juillet, au plus tard. A ces variétés, une température peu élevée suffit pour s'accoupler et pondre, et une température très élevée est nécessaire à leurs œufs pour l'éclosion. Si le hasard leur fait rencontrer une température excessive lors de leur accouplement, leurs œufs sont altérés et il en résulte pour eux une prédisposition à éclore prématurément.

Dans la tribu des *noctuo-bombycites* ou des *noctuo-phalenites*, l'accouplement a lieu la nuit et la ponte aussi. Le *bombix-sericaria*, à l'état domestique, ne retrouve pas exactement les conditions dans lesquelles la nature lui a prescrit de s'accoupler et de pondre. Cet acte important de la reproduction de l'espèce a lieu, la plupart du temps, immédiatement après la sortie du cocon, ou tout au plus une heure ou deux après. La température de la pièce où cela se passe s'élève quelquefois à 20 ou 25 degrés Réaumur, tandis que, livré à lui-même, il s'accouplerait de nuit et par une température de 15 à 16 degrés au plus. Il résulte de cette manière de procéder des inconvénients graves ; d'abord, celui de diminuer considérablement la quantité de l'enduit destiné à leur conservation, et ensuite celui de mettre en contact avec des œufs encore imparfaits, un fluide spermatique trop énergique, et de les rendre par conséquent disposés à fermenter à une basse température ; de rendre incessant le danger de la formation de l'embryon avant l'époque voulue, et de provoquer, par là, le développement du principe d'une multitude de maladies originelles, qui ne tiennent qu'à cette précocité de développement d'embryon. Ce que j'ai dit au chapitre 1er sur cet important sujet (que l'on ne peut approfondir, qu'en connaissant d'une manière exacte les phénomènes de l'ovulation des lépidoptères), sur les diverses phases de la formation des ovaires, sur le développement des œufs, sur les phénomènes qu'il est indispensable de connaître pour apprécier positivement l'époque et les conditions dans lesquelles doivent avoir lieu l'accouplement et la ponte, est, je crois, plus que suffisant.

D'après tout ce qui précède, il est facile de comprendre que l'accouplement et la ponte du *bombix sericaria*, doivent avoir lieu dans des conditions spéciales, afin que les œufs qui en proviennent soient doués des qualités que nous recherchons. Ces éclosions prématurées, irrégulières, imparfaites, les maladies et les désastres qui en dérivent, ne tiennent pas à autre chose qu'au

manque d'observance des vrais principes. Toutefois, il est important de retenir ici, que toutes les variétés de lépidoptères
doivent procéder à l'accouplement dans des conditions convenables au genre et à la tribu desquels ils dépendent. Chez les
uns le fluide spermatique, hâtif et énergique, est utile ; et chez
les autres trop d'énergie nuit. Les diûrnes devant éclore peu de
temps après la ponte, ont besoin d'une température élevée, et les
crépusculaires et les nocturnes n'étant pas organisés comme les
précédents pour résister à la rigueur des hivers, ne devant, par
conséquent, éclore qu'après cinq ou six mois, c'est-à-dire au
printemps suivant, doivent, au contraire, procéder à la reproduction de l'espèce sous l'influence d'une température peu élevée.

En respectant ce principe, on arrive à deux résultats importants, celui d'avoir de bons œufs, et celui de pouvoir les conserver facilement.

Avoir de bons œufs est chose teès essentielle sans doute, mais
ce n'est pas tout ; ainsi que je l'ai dit plus haut, les bons œufs
resteront dans une complète inertie pendant cinq ou six mois,
quelque soient les transitions atmosphériques auxquelles ils seront exposés ; mais dans nos climats, ce délai de 5 ou 6 mois ne
suffit pas. Il nous est indispensable de proroger ce délai de trois
ou quatre mois au moins, et c'est justement pendant ce délai de
prorogation, que le danger est plus grand, que le danger de la
formation prématurée des embryons est le plus à craindre ; à cette
époque, le fluide spermatique est prêt, les substances enfermées
à l'intérieur de l'œuf attendent son influence pour fermenter, et
cette fermentation peut avoir lieu à une température peu élevée,
si les œufs surtout, n'ont pas été pondus dans des conditions convenables, ou s'ils ont subi des altérations par des transitions de température excessives ; c'est à cette époque que les précautions les
plus minutieuses doivent être prises, pour leur maintenir leur
inertie. Les bons œufs, ceux dont on obtiendra des sujets vigoureux, sur lesquels les maladies accidentelles seules pourront avoir
prise, sont ceux qui, maintenus frais et sans fermentation anticipée, sont soumis à l'éclosion dans cette état de complète inertie,

doués encore de toutes les facultés dont ils étaient doués après la ponte.

Comme tous les œufs des autres lépidoptères, l'œuf du ver à soie, se compose d'une enveloppe ou coque, d'un jaune et d'albumine. Il ne contient pas, comme tous les œufs des bipèdes ailés et des reptiles ovipares, un germe distinct; mais il est enduit d'une quantité suffisante de fluide spermatique, sa coque et son contenu en sont imprégnés, du moins telle a été mon opinion. Si la nature a voulu se réserver quelque secret, c'est assurément celui qui se rattache à la création d'un être nouveau par l'accouplement de deux autres. J'ai développé au chapitre Ier les causes qui ont fixé mon opinion là dessus. Quoi qu'il en soit, si je ne me trompe pas, le Créateur fut prévoyant; ce fluide fécondant, mis en contact avec l'albumine que contient l'œuf, eût agi sur lui immédiatement après la ponte, et donné lieu à la formation de l'embryon, s'il n'eût ordonné que l'œuf fût enveloppé, que le fluide spermatique fût recouvert d'un enduit gommeux, d'une sorte de vernis qui, le privant d'air, réduisît son principe de ferment à l'impuissance. Hors, tant que ce vernis ou cet enduit n'est pas altéré ou détruit; tant que l'œuf est privé par lui de l'influence atmosphérique, le développement de l'embryon est impossible.

Il faut, par conséquent, pour que ce principe fécondant puisse agir sur l'œuf (à l'état sauvage), et donner naissance à l'embryon, 1° que, par le laps de temps qui s'est écoulé depuis la ponte, l'enduit qui enveloppait l'œuf ait été altéré au point de lui permettre le contact de l'air; 2° qu'à l'époque où cette altération a eu lieu, le fluide spermatique ait l'âge qui lui est nécessaire pour devenir puissant; 3° que l'œuf, arrivé à l'âge où cette altération de l'enduit a lieu naturellement, soit néanmoins soumis à une température convenable au développement du principe de ferment.

Chez les lépidoptères diurnes, cet enduit préservatif est moins tenace que chez les crépusculaires et les nocturnes, et je n'attribue cette différence qu'à la différence des conditions sous lesquelles l'accouplement et la ponte ont lieu; et je suis forcé d'en

conclure que des phalènes de nuit qui s'accouplent dans les mêmes
conditions et qui pondent comme des papillons diûrnes , doivent
produire des œufs de mauvaise qualité, de difficile conservation ,
et dont la réussite est très chanceuse.

Quelques expériences, que je vais relater ci-après , faites sur
des œufs de divers lépidoptères , comparativement avec ceux du
bombix sericaria , établiront , de la manière la plus claire, la vérité de ce que j'avance. Mais avant de relater ces expériences ,
voyons un peu pourquoi ce qui se passe à l'état sauvage n'a pas
toujours lieu rigoureusement à l'état domestique , et recherchons
les causes de cette subversion de principes naturels.

Pour bien conserver les œufs de vers à soie, il faudrait le plus
possible, après avoir fait procéder à l'accouplement et à la ponte,
comme la nature le ferait elle-même , l'imiter encore pour la
conservation des œufs ; c'est-à-dire , qu'après la ponte , au lieu
de placer ces œufs immédiatement après dans des lieux froids et
humides , il faut au contraire, pendant le premier mois au moins,
les laisser exposés aux diverses variantes de la température naturelle, dans un lieu aéré ; à l'exception toutefois des rayons du soleil , dont les sphinx et les phalènes nocturnes cherchent , avec le
plus grand soin, à préserver leurs œufs, en les pondant dans des
lieux obscurs et abrités. Ces œufs, exposés ainsi, pendant un certain temps, à l'action atmosphérique, prennent toute la consistance dont ils ont besoin ; le vernis ou enduit qui les enveloppe ,
et qui sert à les faire adhérer à l'objet sur lequel ils ont été pondus , acquiert toute la fermeté dont il a besoin pour préserver
l'œuf de fermentation ; il convient ensuite de les placer dans un
lieu aéré et sec, dont la température soit progressivement inférieure à celle du lieu où ils furent pondus , et cette température
doit progressivement diminuer à mesure qu'on s'éloigne de la
ponte ; elle peut même, et ce n'est un mal, atteindre le degré le
plus voisin de zéro. Cette basse température doit être, s'il est
possible, maintenue pendant trois ou quatre mois , jusqu'à la fin
de février. Une température plus douce , une chaleur encore
progressive doit ensuite leur être donnée , pourvu toutefois que

cette transition n'atteigne pas plus de douze degrés Réaumur, jusqu'à l'époque de la mise à incubation. Il faut éviter, autant que faire se peut, les transitions subites du froid au chaud ou du chaud au froid, à quelles époques que ce soit. Avant la formation de l'embryon, elles altèrent l'œuf, et après sa formation elles sont mortelles pour lui. C'est à ces transitions subites, auxquelles sont exposés les œufs, que l'on fait voyager après l'expiration du délai naturel de l'éclosion, c'est-à-dire en janvier, février, mars et avril, que nous devons souvent le développement précoce de l'embryon pendant le voyage, et ensuite sa mort dans sa coque, lorsqu'après sa formation, nous soumettons les œufs à une température de cinq ou six degrés pour les conserver encore pendant un mois ou deux.

Une des causes qui contribue le plus au développement précoce de l'embryon dans sa coque, c'est l'opération que l'on fait subir aux œufs pour les détacher du linge. Cette lotion, quoique faite à l'eau fraîche, altère l'enduit préservateur; met le fluide spermatique en contact avec l'air, et provoque son action sur l'albumine de l'œuf. Le danger serait moins grand, si les œufs voyageaient adhérents au linge.

Les œufs ne devraient voyager, et cela sans avoir été détachés, que pendant les premiers six mois qui suivent la ponte; encore devrait-on éviter, si le voyage doit être long, de les exposer à une température chaude et humide en même temps.

La plupart des œufs livrés au commerce dans nos pays, s'expédient en mars ou avril. A cette époque les voitures publiques sont autant d'étuves chauffées à 18 ou 21 degrés, elles contiennent une atmosphère humide, elles sont de véritables incubateurs; si les œufs y passent deux ou trois jours, l'embryon se forme, et. lorsqu'ils parviennent à destination, si la feuille n'est pas encore développée, on les place dans un lieu frais pour les conserver; ils subisent une transition du chaud au froid, une grande partie des embryons périt, et ceux qui résistent languissent dans leur coque, et contractent une multitude de maladies originelles les plus sérieuses.

C'est le cas de rapporter ici diverses expériences que j'ai faites, et qui confirment en tout point ce que j'avance.

Dans un voyage que je fis en janvier 1833 en Italie, j'eus occasion de faire la connaissance d'un éducateur des environs de Milan ; la supériorité incroyable de ses produits, la quantité énorme de cocons qu'il m'affirmait obtenir chaque année, d'une once d'œufs, laquelle quantité n'était attribuée par lui qu'à la supériorité de ses œufs, me décidèrent à m'en procurer. Il m'en céda 120 grammes. Je les enfermai avec précaution dans une boîte de plomb, et vers la fin de février je les apportai chez moi. J'eus soin, pendant le voyage, de placer ma malle contenant la boîte, dans les endroits que je jugeai les plus frais ; en un mot, je pris toutes les précautions possibles pour les préserver d'une fermentation prématurée.

Immédiatement après mon arrivée chez moi, au commencement de mars, je plaçai la boîte contenant les œufs dans une cave dont la température était de 7 degrés Réaumur.

Désirant savoir si les œufs étaient bons, c'est-à-dire si je pouvais en obtenir une parfaite éclosion, j'en détachai 2 ou 3 grammes que je soumis immédiatement aux chances d'incubation. Le troisième jour, à 18 degrés Réaumur, j'y aperçus quelques avant-coureurs, et le quatrième jour l'éclosion fut instantanée et complète. Dès lors il ne me resta aucun doute sur la formation anticipée des embryons pendant le voyage, et je conçus des craintes pour ceux qui me restaient, attendu que j'étais obligé de les faire languir encore pendant près de deux mois dans leurs coques, pour attendre le brouissement des feuilles. Je ne me trompais pas. Dans la prévision de ce qui arriva, je conservai ma provision d'œufs pondus chez moi ; ils furent mis à incubation dans la même pièce que les œufs de Milan, et il y eut entre eux une différence énorme, soit sur la quantité des œufs éclos, soit sur l'instantanéité de l'éclosion. Ceux de Milan commencèrent à éclore le cinquième jour, et n'avaient pas encore fini le neuvième jour ; encore plus d'un tiers des œufs resta inerte. Les miens commencèrent leur éclosion le septième jour seulement, et le huitième tout était fini, c'est à peine si, sur 250 grammes, un seul gramme resta à éclore. Les vers issus de la graine de Milan avaient une couleur rousse, les autres une couleur brune violacée, ce qui est à cette époque un indice de santé.

Je voulus savoir ce qu'il adviendrait. Les mêmes soins, le même régime d'alimentation fut donné aux uns et aux autres dans la même pièce, mais le résultat fut bien différent. A la première et à la deuxième mue, une grande partie des milanais moururent, à la troisième mue de même, une grande quantité ne purent l'accomplir et restèrent putréfiés dans la litière; ceux qui survécurent la franchirent péniblement la quatrième, et périrent presque tous phtisiqués ou passis, et enfin les quelques débris de ce désastre, après avoir tissé de très mauvais cocons *satinés*, devinrent muscardins au lieu de chrysalides. Inutile de dire que ceux provenus de mes œufs, franchirent vigoureusement les diverses phases de leur existence, et produisirent d'excellents cocons. J'avais eu soin de les séparer des autres à la troisième mue, dans la crainte que leur maladie fut contagieuse.

Ainsi, le développement prématuré de l'embryon est ce qu'il y a de plus à craindre, et toutes les précautions possibles doivent être prises pour le prévenir. Il existe heureusement des époques où les œufs peuvent voyager sans danger, et des précautions préservatrices, dans le moment où le danger de développement est imminent. Ces précautions je les indiquerai, mais je crois devoir, pour en faire comprendre toute la portée, indiquer d'abord sous quelles influences et comment a lieu la formation de l'embryon, les diverses phases de son accroissement, etc.

Après l'expiration du délai rigoureusement prescrit par le Créateur, pour que le fluide spermatique puisse agir sur l'œuf; ou lorsque ce délai de complète inertie a été abrégé par les circonstances que je viens de signaler, l'embryon se développe ou plutôt peut prendre naissance à 12 ou 13 degrés Réaumur; 16 à 17 degrés sont nécessaires à son développement, et il peut, lorsqu'il est arrivé à son apogée d'accroissement, supporter sans danger jusqu'à 24 degrés de châleur, pourvu toutefois qu'il y ait eu progression dans l'augmentation du calorique, et que cette progression ait marché de pair avec son accroissement. A partir de sa formation, s'il n'est attardé par aucune transition atmosphérique, il se développe complètement en six ou huit jours, et s'occupe dès lors de percer sa coque pour en sortir.

Les œufs des lapidoptères ont, à peu de chose près, sinon la même grosseur, du moins la même forme. Ceux du *bombix sericaria* sont de forme sphéroïdale applatie sur deux faces, avec une petite cavité au centre des deux côtés, de sorte que tout le pourtour en est régulièrement renflé, et que les coques se touchent presque vers le centre, ce qui lui donne a peu près la forme d'un gâteau.

Il m'a été impossible d'apprécier dans l'œuf du ver-à-soie, si l'embryon, à sa naissance, était un point unique qui grandissait en longueur et en grosseur jusqu'à parfait développement, ou si au contraire cet embryon avait dès son début toute sa longueur, et ne prenait ensuite de l'accroissement qu'en grosseur, ou si le contenu de l'œuf, mis en fermentation par le contact de l'air et l'action du fluide spermatique, subissait successivement diverses transformations, et arrivait, sous l'action du calorique, à se transformer tout à coup en un insecte vivant. Ces trois conjectures peuvent être admises, et ne seront jamais résolues, je crois, d'une manière bien positive. J'ai rompu des œufs de ver-à-soie, et d'autres lépidoptères plus gros, après plusieurs jours d'incubation, et au moment où ils allaient éclore, et j'avoue que je n'ai rien pu savoir de positif là-dessus. En rompant des œufs de ver-à-soie le cinquième et le sixième jour de l'incubation, à l'aide d'un poinçon que je plantais dans la cavité qui se trouve au centre de l'œuf, j'ai pu voir à l'aide d'une forte loupe, un corps solide de couleur brune, dont la longueur s'étendait sur toute la paroi intérieure de l'œuf, il restait encore dans l'œuf une certaine quantité d'albumine et d'une autre substance jaunâtre plus dense, mais comme ce corps solide n'avait aucun mouvement, et que pourtant ce ne put être autre chose que l'embryon, cette expérience ne m'a rien appris de précis. En rompant des œufs à une époque plus avancée de l'incubation, c'est-à-dire au moment de l'éclosion, l'œuf ne contenait plus d'albumine, et l'insecte avait mouvement et vie. Quoi qu'il en soit sur la manière dont se forme et se développe l'embryon, lorsqu'il a acquis un parfait développement, il est placé en cercle dans l'espèce de gâteau que forme sa coque, le dos tourné vers le centre, et la longueur de son corps la remplit tellement que son extrémité antérieure touche la postérieure.

Voici, du reste, à peu près les diverses phases de son accroissement : lorsqu'au moment de la mise à incubation les œufs sont frais, sans préparations autres que celles qui doivent précéder la mise à incubation, l'embryon se forme le troisième ou le quatrième jour de l'incubation, ce qui se reconnaît au changement de cou - leur des œufs. A cette époque, ils perdent leur couleur de gris de lin, et revêtent une couleur blanche cendrée. A l'aide d'une bonne loupe, on distingue parfaitement que cette couleur blanchâtre embrasse tout le pourtour extérieur de l'œuf, et que vers le centre, tout autour du petit renfoncement qui s'y trouve, il y a une fraction de l'œuf qui acquiert une couleur brune plus foncée que celle que l'œuf avait précédemment. Ce point noir s'étend progressivement du centre aux extrémités à mesure que l'incubation avance ; le septième et le huitième jour il remplit presque entièrement toute la surface de l'œuf. A cette époque, en plaçant une lumière du côté opposé à celui d'où on l'observe, la transparence de la coque permet de distinguer à l'intérieur, un corps noir séparé d'elle, et qui en occupe tout le pourtour C'est ordinairement le septième, huitième ou neuvième jour, suivant la rapidité d'accroissement du calorique, que l'embryon commence à entamer sa coque. La durée de cette opération est pour lui l'affaire de quelques heures, si cette coque, ramollie par la vapeur d'eau, n'offre pas à ses mandibules délicates une trop grande résistance. Si, au contraire, elle est sèche et dure, c'est une opération de plusieurs jours dans laquelle il s'épuise et périt souvent.

La manière dont l'embryon perce sa coque et en sort, est une chose trop importante, pour ne pas la décrire ici ; la connaissance exacte de ce qui se passe alors servira à résoudre un problème de la plus haute importance.

Depuis longues années, les éducateurs les plus intelligents et les savants qui se sont occupés de cette industrie, ont agité entre eux la question de savoir, s'il était plus convenable de détacher les œufs du linge où ils ont été pondus, que de les y laisser pour les soumettre à l'incubation. Voici ce qui se passe lors de l'éclosion :

Lorsque le ver-à-soie est parvenu dans sa coque à son plus grand accroissement, la tête de l'insecte est composée de deux calotes dures et écailleuses, précédées de deux mandibulés cornées, attenantes à deux mâchoires latérales, et d'une lèvre inférieure, etc. Cette tête forme, par rapport à la position de l'insecte dans sa coque, une saillie qui dépasse les bords du cercle que son corps décrit. Comme toutes les parties qui composent cette tête sont dures et cornues, elles doivent, par l'effet de la pression lente que leur donne l'accroissement, provoquer la rupture de la coque vers le point où elles sont en contact avec elles, et alors l'insecte se sert de ses mandibules pour agrandir l'ouverture. Lorsqu'il la juge suffisamment grande, ce dont il s'assure par plusieurs essais qu'il fait pour en sortir, il avance sa partie postérieure, sort les deux pattes membraneuses qui se trouvent à l'extrémité de son corps, saisit avec ces pattes qui lui servent de pinces l'objet le plus rapproché de l'ouverture, et à l'aide de ce point d'appui, il retire retire son corps de sa coque. Ce n'est qu'à défaut du point d'appui, et après une multitude d'essais infructueux qu'il se décide à sortir la tête première, et alors il fait des mouvements en tous sens, son corps se meut convulsivement, et plusieurs heures lui sont quelquefois nécessaires pour se débarrasser de son enveloppe ; tandis que, lorsque à l'aide de ses pinces, il peut utiliser un point d'appui, c'est l'affaire d'une demi-minute Telle est la manière dont éclosent tous les lépidoptères dont les œufs sont restés adhérents à l'objet sur lequel ils furent pondus.

Il n'est pas douteux qu'il doit y avoir une dérogation considérable à cette règle, dans les œufs qui ont été détachés et entassés les uns sur les autres ; que ce n'est qu'après une multitude d'essais infructueux, que la plupart de ces pauvres insectes réussissent à sortir de leur enveloppe, ou comme la nature le leur prescrit, ou comme ils peuvent. Dans des éclosions de ce genre, j'en ai vu bon nombre qui, après avoir sorti la moitié postérieure de leur corps, s'agitaient en tous sens, faisaient tournoyer cette coque au-dessus d'eux sans pouvoir s'en débarrasser. Ce grave inconvénient n'existerait pas, si les œufs adhéraient à l'objet sur lequel ils furent pondus D'après ces observations, que j'affirme de la plus scrupuleuse exactitude, et d'après des essais comparatifs faits en même temps sur des œufs détachés et sur des œufs adhérents au linge, je puis affirmer que, pour la régularité et la perfection, l'éclosion des œufs adhérents au linge est infiniment supérieure, et je n'hésite pas à conseiller à tous les éducateurs, de la préférer à toute autre. Si, dans quelques ouvrages récemment publiés, la supériorité de ce mode est contestée ou méconnue, c'est que leurs auteurs n'avaient pas suffisamment étudié les phénomènes qui se rattachent à l'ovologie des lépidoptères, phénomènes que personne, peut-être, n'a tâché jusqu'à présent d'approfondir.

Une époque très importante à observer, c'est l'époque de la mise à incubation. En supposant que dix jours soient nécessaires à cette opération, il faut calculer son temps de manière que l'éclosion se fasse dans le premier quartier de la lune. Ce n'est pas que j'attribue à la lune aucune influence sur l'éclosion ; si je conseille cette époque, c'est que j'y trouve deux avantages majeurs : le premier est, que l'éclosion faite à cette époque, amène la montée au plein de la lune suivante ; hors tout le monde sait que dans nos contrées, la température est ordinairement plus ferme à cette époque de la lune. Le deuxième avantage que j'y trouve est, que la plus grande consommation de la feuille ayant lieu de la troisième mue à la fin, la majeure partie des arbres seront dépouillés en lune nouvelle, et se sentiront moins de l'opération. Tout le monde sait qu'il y a, pour la deuxième végétation, une différence énorme, entre les arbres dépouillés en avant et ceux après le plein de lune.

Tous les éducateurs savent que l'éclosion des vers-à-soie a lieu le matin de 6 à 8 heures. Cette singularité, qui n'a échappé à personne, pas plus que la sortie de l'insecte parfait de son cocon, qui

6

a lieu à la même heure, m'a singulièrement préoccupé. J'ai fait, pour pénétrer ce secret, les plus minutieuses recherches, les expériences les plus variées ; j'ai soumis les cocons prêts à fournir les papillons, pendant le jour à la plus complète obscurité, et pendant la nuit à la plus vive lumière. J'ai soumis à la même expérience des œufs mis à incubation. J'ai cru subvertir l'ordre naturel, en faisant du jour la nuit et de la nuit le jour ; il n'en a rien été; l'heure du lever du soleil a toujours été celle que l'insecte a choisi, soit pour sortir du cocon, soit pour sortir de l'œuf; le même phénomène a lieu chez tous les lépidoptères à l'état sauvage, soit qu'il s'agisse de l'éclosion, soit qu'il s'agisse de la dernière métamorphose. Dans la famille des lépidoptères diûrnes, dont les chrysalides sans enveloppe sont seulement fixées par quelques fils qui les attachent à une plante ou à tout autre objet, la rupture de l'enveloppe par le papillon a lieu également le matin.

Ainsi l'a voulu le Créateur. Pour peu qu'on réfléchisse, on devine facilement pourquoi il est prescrit à cet insecte d'accomplir au lever du soleil les diverses phases de son existence, et les transformations auxquelles il est soumis.

D'abord, pour l'éclosion, le concours de diverses circonstances est nécessaire. Il faut de la chaleur et de l'humidité, l'une pour l'incubation, l'autre pour ramollir la coque de l'œuf et permettre à l'insecte de la percer pour en sortir. A l'état sauvage, la pluie, la rosée et le soleil sont les trois agents dont la nature dispose. L'insecte naît au lever du soleil, parce qu'il a besoin de lui pour donner à ses organes délicats, à ses mandibules et à tout son être, de la fermeté et de la vigueur.

Après chaque mue, au sortir de leur dépouille, toutes les parties de leur corps sont sans consistance, la chaleur seule peut leur donner celle qui leur manque.

Pour la sortie du papillon de sa chrysalide, soit que cette chrysalide soit enveloppée d'un tissu soyeux, soit qu'elle soit comme dans les *succintes*, les *pendues* ou les *enroulées* sans enveloppe soyeuse, la même heure de sortie est nécessaire. A cette époque, toutes les parties de son corps sont molles et sans consistance ; ses ailes sont pendantes, enroulées et chiffonnées, l'action du soleil est nécessaire pour les sécher et les dérouler. Si cette métamorphose, ainsi que toutes celles auxquelles l'insecte est soumis, avaient lieu au coucher du soleil, la fraîcheur et l'humidité de la nuit, au lieu de lui donner la force de prendre son essor, paralyseraient au contraire tous ses mouvements, et pourraient compromettre son existence ; voilà pourquoi le Créateur lui a prescrit cette heure, pour opérer ces diverses métamorphoses.

Ce qui se passe chez les lépidoptères à l'état sauvage, doit nous servir de guide sur ce que nous avons à faire. La nature, à l'aide de la rosée et de la pluie, ramollit la coque des œufs pour faciliter l'éclosion ; nous devons l'imiter pour les œufs de vers-à-soie.

Les mauvaises éclosions tiennent à plusieurs causes : 1° la mauvaise qualité des œufs ; 2° l'action anticipée du fluide spermatique et le développement prématuré de l'embryon ; 3° lors de l'incubation, une température trop élevée au début ou des transitions trop brusques ; 4° une atmosphère trop sèche qui, desséchant les coques, ne permette pas à l'embryon de les percer.

Pour apprécier les effets divers de ces diverses conditions dans lesquelles les œufs de vers-à-soie se trouvent souvent, j'ai fait de nombreuses expériences. Les résultats que ces causes amènent, les maladies qui en dérivent, sont de ma part depuis vingt années l'objet des plus minutieuses recherches, et je crois pouvoir affirmer que presque toutes les maladies qui attaquent cet insecte à diverses époques de son existence, proviennent de l'une des causes que je signale.

Je rapporterai ici, et le plus succinctement possible, ces expériences, en commençant par celles qui ont fixé mon opinion sur la bonne qualité des œufs.

Ainsi que je l'ai dit plus haut, la phalène dont il est ici question, doit s'accoupler et pondre dans des conditions spéciales, c'est-à-dire que faisant partie des nocturnes, il ne convient pas de la faire accoupler par une température trop élevée, et à une époque trop rapprochée de la métamorphose.

Pendant plusieurs années consécutives, et cette année encore

(1846), j'ai fait accoupler et pondre des papillons dans diverses conditions ; vingt-cinq paires immédiatement après la sortie du cocon, à l'ombre, et par une température de 20 degrés Réaumur ; vingt-cinq autres, accouplées au même instant, ont été soumis jusqu'à midi aux rayons du soleil, et chauffés par conséquent jusqu'à 30 à 35 degrés pendant l'accouplement ; une autre série de vingt-cinq paires, accouplées deux heures après, à l'ombre, mais à la même température que la première série (20 degrés) : une quatrième série, accouplées six heures après et par 20 degrés ; enfin, une cinquième série, dont les mâles et les femelles, soumis pendant toute la journée à l'influence d'une température qui a varié de 18 à 25 degrés à l'ombre, ont été accouplées à six heures du soir et placées dans une pièce dont la température a été maintenue constamment à 17 degrés Réaumur, soit pendant l'accouplement, soit pendant la ponte. Pour cette série, l'accouplement a duré autant que les papillons l'ont voulu, les couples ont été placés sur le linge, et les mâles ne les ont quitté que le lendemain au matin.

Cette expérience avait pour but de constater la différence qui existe entre l'accouplement immédiat et celui fait deux heures après, ainsi que le prescrivent tous les auteurs, ou celui fait six heures plus tard, ou enfin celui fait à l'époque où les phalènes s'accouplent à l'état sauvage. Elle avait également pour but de rechercher quels peuvent être les effets du calorique excessif sur les œufs.

J'ai fait pondre séparément chaque série, la cinquième exceptée, dans la même pièce et sous l'influence d'une température qui a été de 20 à 21 degrés le jour, et 18 à 19 la nuit.

Enfin j'ai extrait de ma provision d'œufs une sixième série de vingt-cinq femelles ; cette sixième série, comme tout le reste de ma provision, avait procédé à l'accouplement six heures après la sortie du cocon, et avait été soumise pendant l'accouplement et la ponte à une température qui a varié de 17 à 18 degrés. La ponte de la cinquième série a eu lieu dans la même pièce. Après la ponte, les douze carrés de linge sur lesquels j'avais fait pondre mes cent cinquante femelles, furent placés ensemble, étendus dans la même pièce, et exposés à la température naturelle, qui varia pendant l'été de 14 à 26 degrés.

Environ un mois après la ponte, j'aperçus quelques vers éclos sur les linges des quatre premières séries, et dans le courant de septembre les œufs de la deuxième série, dont les mâles et les femelles s'étaient accouplés au soleil, perdirent leur couleur violacée pour revêtir celle blanche-cendrée, et à la fin du mois, par une température de 14 degrés Réaumur, leur éclosion, quoique lente, fut complète.

Sur les trois autres linges garnis d'œufs par des papillons accouplés, les uns immédiatement, et les autres plus tard, mais par une température élevée, et à l'ombre, l'éclosion n'eut pas lieu; mais il y eut, pour la première série surtout, provenant d'un accouplement immédiat, un changement de couleur bien sensible, pour les deux séries accouplées longtemps après la sortie du cocon, et à température inférieure, il n'y eut aucune éclosion partielle, et les œufs conservèrent leur brillant et leur couleur violette, ou plutôt gris de lin.

J'ai oublié de dire plus haut que j'avais divisé chacune de mes six séries en deux, afin de les soumettre à un plus grand nombre d'expériences.

Le 15 novembre, désirant apprécier la qualité des œufs et les comparer entre eux (il ne me restait plus que les œufs de cinq séries, la deuxième étant éclose naturellement), je plaçai dans une couveuse, après leur avoir fait subir les lotions ordinaires, cinq de mes linges, c'est-à-dire la moitié des œufs de chaque série, et je procédai comme on procède ordinairement pour provoquer l'éclosion.

Après six jours d'incubation, quelques avant-coureurs parurent sur les linges des trois séries pondues à une température élevée. Celle provenue des papillons accouplés immédiatement fut la première, et devança d'un jour, mais son éclosion fut plus lente et moins parfaite que celle des deux autres séries accouplées deux et six heures plus tard. — Les œufs des deux séries pondues à basse température, conservèrent leur couleur et ne donnèrent aucun signe de vie après dix jours d'incubation, et sous l'influence de 19 degrés Réaumur.

Cette expérience, que je faisais pour la cinquième fois, et qui m'avait toujours donné le même résultat, suffit pour démontrer la différence qu'il y a pour la conservation, entre les œufs pondus à haute ou basse température, et m'a convaincu que le plus ou le moins d'énergie du fluide spermatique en dépend. Or, comme les meilleurs œufs sont ceux qui se conservent le plus longtemps, nous devons faire tout notre possible pour les avoir tels. En rapportant la suite de cette expérience, je réussirai peut-être à en faire comprendre l'importance.

Dans les cinq séries soumises aux chances de l'incubation, j'avais de bons œufs, puisqu'ils ont résisté et n'ont pas éclos à cette époque ; mais ils ont subi une altération, et cette altération sera constatée par l'expérience. Il me restait également des œufs pondus à haute et basse température, que j'ai soumis, avec ceux-ci et avec le reste de ma provision, aux mêmes chances de conservation, c'est-à-dire dans un lieu frais et aéré ; ils furent successivement soumis, en décembre, janvier et février, à une température voisine de zéro. A partir de la fin de février, elle augmenta progressivement, et dans les premiers jours d'avril elle s'élevait à 9 degrés la nuit et 11 à 12 le jour. Vers la fin d'avril, et jusqu'au 10 mai, époque à laquelle elle fut mise en incubation, cette température fut presque toujours intermittente 10 à 11 degrés la nuit et 12 à 13 degrés le jour.

Vers la fin de janvier, je renouvelai l'expérience sur une fraction de ceux qui avaient déjà été soumis à l'incubation, et sur d'autres qui ne l'avaient pas été. Cette fois, tout a éclos ; mais ceux qui en étaient à la deuxième épreuve, ont commencé plus tôt, c'est-à-dire le cinquième jour, et n'ont fini que le neuvième ; les autres ont commencé quand ceux-là finissaient, et ont éclos spontanément. Je n'avais pas compris dans cette seconde épreuve les œufs pondus à haute température ; je savais qu'ils pouvaient éclore. Cette expérience, que je répétais pour la dixième fois au moins, avait pour but de savoir si le délai d'inertie était expiré pour les œufs pondus à basse température. Il me restait à savoir si la conservation serait la même pour les deux catégories, et quelle influence auraient sur la vie de l'insecte, ces diverses conditions d'accouplement et de ponte. Pour cela, je plaçai dans la même pièce où je conservais deux cent quarante grammes d'œufs pour ma provision de l'année, les œufs que je destinais à une expérience comparative, et le 10 mai tous furent soumis aux mêmes chances d'incubation ; savoir : mes deux cent quarante grammes, une fraction d'œufs accouplés à six heures du soir, après avoir subi la chaleur du jour, et les deux linges pondus à haute température, et un des linges ayant déjà subi une épreuve en novembre.

La température de la pièce où se trouvaient les œufs était ce jour-là de 13 degrés. Les lotions d'eau et de vin furent faites à cette température, et la couveuse était chauffée à 15 degrés quand les œufs y furent placés ; cette température s'éleva le lendemain, 11 mai, à 16, et fut maintenue ainsi le 12 et le 13 ; le 14 à 17 degrés, et les 15, 16 et 17 à 18 degrés ; les 18, 19 et 20 le thermomètre donna successivement 19, 20 et 21 degrés, avec une atmosphère voisine de la saturation.

Les œufs qui avaient déjà subi une épreuve d'incubation, dès le second jour, donnèrent quelques vers, et, pendant cinq jours, en fournirent encore quelques-uns ; environ le tiers put éclore ; le reste des embryons étaient morts dans la coque.

Les œufs pondus à haute température provenant de l'accouplement immédiat, donnèrent quelques avant-coureurs, le 13 au matin, par 17 degrés ; le 14, le 15 et le 16 cette éclosion continua à peu près dans la même proportion chaque jour et se termina le 17 ; un tiers des œufs resta à éclore.

Les œufs provenant d'un accouplement attardé de 6 heures, mais aussi sous l'influence d'une température élevée, commença son éclosion un jour plus tard, le 14, et la termina en même temps ; elle fut plus complète, un huitième seulement resta inerte.

Pour les œufs provenant des femelles accouplées à 6 heures du soir, qui avaient passé la journée entière sous l'influence de 18 à 25 degrés, mais qui se sont accouplées et qui ont pondu dans une pièce chauffée à 17 degrés, après un accouplement qui a duré jusqu'au lendemain, l'éclosion fut parfaite ; elle commença dans la matinée du 19, et fut instantanée et complète.

Les 240 grammes d'œufs de ma provision, dont les papillons avaient été soumis à une température uniforme de 17 à 18 de-grés, accouplés 6 heures après leur sortie, c'est-à-dire à midi, et séparés à 6 heures du soir, ont commencé leur éclosion le 19, et l'ont terminé le 20 ; elle a été complète, mais elle n'a pas eu l'instantanéité de la série précédente.

De l'expérience qui précède et que je renouvelais pour la dixième fois en 1846, il est facile de conclure que ce qui nuit le plus à la qualité des œufs, c'est, d'une part, l'accouplement im-médiat, et de l'autre, une température trop élevée.

Il ne faudrait pas conclure de ce qui précède que l'accouple-ment et la ponte doivent avoir lieu par une température très basse à 10 ou 12 degrés. Le Bombix-sericaria est originaire des régions tempérées, 15 à 18 degrés sont nécessaires à cette pha-lène pour accomplir ces actes importants de la génération. Au-dessous de cette température, la méthamorphose de la chrysalide est lente, le développement des ovaires est difficile, les papillons manquent de vigueur ; en un mot, cette opération, qui doit durer pour chaque sujet, à partir de la transformation, deux ou trois jours au plus, se prolonge indéfiniment ; et les femelles n'ont pas assez de vigueur pour pondre complètement.

Les œufs provenus de papillons placés dans cette condition, sont cependant de très facile conservation. De nombreuses expé-riences m'ont appris que leur éclosion, quoique plus lente et nécessitant une température plus élevée, n'en est pas moins par-faite et supérieure en précision à celle des œufs pondus à haute température.

Ce qu'il faut éviter avec le plus de soin, c'est l'accouple-ment immédiat, sous une température excessive. Je l'ai assez expliqué au chapitre précédent, je ne pense pas devoir y revenir ici.

Il s'agit dans ce chapitre de démontrer que, pour avoir une bonne éclosion, il faut avoir de bons œufs, et lorsqu'on les a bons, les bien conserver. Ce serait ici le cas de relater les nombreuses expériences que j'ai faites sur les œufs d'une multitude de variétés de lépidoptères, et surtout celles que j'ai faites sur les œufs de vers-à-soie. Les diverses altérations que je leur ai fait subir afin d'apprécier les diverses maladies qui dérivent de ces altérations ; mais j'anticiperais sur le sujet que je dois traiter au chapitre 4, dans lequel je dois développer les causes et les effets des maladies originaires, de celles qui proviennent soit de mauvais œufs, soit de bons œufs altérés, soit des mauvais procédés d'incubation. Je puis affirmer, et je le démontrerai, qu'il existe très peu de maladies qui n'aient pas leur principe dans l'imperfection ou l'altération des œufs. En règle générale, de mauvais œufs ou de bons œufs altérés n'ont jamais bien éclos, et une éclosion mauvaise ou imparfaite n'a jamais amené de bons résultats ; pour empêcher la réussite des bons œufs après une bonne éclosion, il faut de très graves accidents, ou l'incurie complète du Magnanier, ou un vice radical dans la construction ou les dispositions de l'atelier.

§ II.

PROCÉDÉS D'INCUBATION.

Avec l'étendue des notions préliminaires qui précèdent, la prescription des procédés d'éclosion se simplifie, la connaissance exacte de ce qui se passe ou de ce qui doit se passer lors de l'éclosion, facilite et abrège beaucoup ce qu'il me reste à dire là-dessus.

Avant de soumettre les œufs à l'incubation, il convient de leur donner des lotions préparatoires. Ces lotions ont pour but de débarrasser les œufs des enduits que leur ont fait, soit les déjections des papillons, soit la gomme qui leur donne leur adhérence au linge ; ces lotions produisent en même temps sur les coques des œufs un effet utile, celui de les détremper et de les ramollir.

Pour produire ce double effet, deux lotions sont nécessaires :
la première, que l'on ait ou non l'intention de détacher les œufs
du linge, se fait en les mettant tremper dans de l'eau ayant 10 ou
12 degrés de chaleur. Un quart d'heure suffit à cette première
lotion ; la deuxième, quoiqu'en disent quelques auteurs, est
avantageuse dans du vin rouge ou blanc. Elle a pour but le ramollissement de la coque. Tout le monde sait qu'en mettant tremper pendant vingt-quatre heures un œuf de poule dans du vinaigre,
sa coquille se ramollit complètement. Hors, comme le vin contient
en plus ou moins grande quantité des principes acétiques, il produit sur les coquilles des œufs de vers-à-soie, un effet très avantageux ; le degré de ramollissement qu'il leur donne peut à peine
se détruire après plusieurs jours de l'atmosphère la plus sèche,
chauffée à 18 ou 20 degrés. Cette lotion ou détrempe doit durer
deux heures. Le vin doit avoir 10 ou 12 degrés de chaleur au plus.
Cette lotion se fait après que les œufs ont été détachés du linge,
vingt-quatre heures avant la mise à incubation ; elle peut se faire
immédiatement après l'autre ou, si l'on veut, longtemps après.
Comme la première lotion faite avec de l'eau chauffée à 12 ou 13
degrés peut mettre le fluide spermatique en mouvement, il est
convenable, pour ceux qui ont eux-mêmes leurs œufs, de faire ces
deux lotions l'une après l'autre, vingt-quatre heures au plus avant
la mise à incubation. Si les œufs sont destinés à voyager et que
l'on veuille les détacher longtemps avant la mise à incubation, la
détrempe doit être faite avec de l'eau ayant au plus 5 ou 6 degrés.
Si l'on a l'intention de faire éclore sur les linges, et c'est à mon
avis le meilleur procédé, on trempe les linges dans un vase d'eau
pendant une demi-heure, on les étend ensuite à l'ombre dans un
appartement aéré, dont la température ne s'élève pas au-dessus de
12 degrés ; vingt-quatre heures après on répète la même opération pendant deux heures, dans un vase plein de vin, et l'on étend
de nouveau les linges dans le même appartement auquel on peut
donner un degré ou deux de température de plus, c'est-à-dire 13
ou 14 Réaumur ; lorsque les linges ont atteint un degré de dessécation imparfait, c'est-à-dire, lorsque sans être mouillés, il leur

reste encore un peu d'humidité, on les place alors dans l'étuve ou dans la couveuse, ou incubateur qui les attend. Toutes ces prescriptions semblent minutieuses, et c'est pourtant à les avoir négligées ou méconnues, que bon nombre d'éducateurs doivent de mauvaises éclosions et les graves accidents qui en dérivent.

Que les œufs soient placés dans une étuve ou une chambre à éclosion, que l'on se serve de l'incubateur Buisson ou de la couveuse de Crest ou de tout autre appareil, la manière de procéder à l'incubation doit être la même, c'est-à-dire que le calorique et l'hygrométrie doivent être à la disposition de l'éducateur et régulièrement conduits par lui. Voici, quant au calorique, qu'elle doit être son accroissement progressif : le premier et le second jour 13 à 14 degrés ; le troisième et quatrième, 15 et 16 ; le cinquième et sixième, 17 et 18 ; arrivés à ce point la température doit se maintenir à 18 degrés jusqu'au moment où quelques avant-coureurs nous préviennent du développement complet des embryons. Alors, on peut élever la température en un jour, à 21, 22 et même 23 degrés si cela est nécessaire pour arriver à une complète éclosion. Quant au degré hygrométrique, il doit être aussi élevé que possible ; l'atmosphère de l'étuve ou couveuse doit être tenue, s'il est possible, au degré le plus voisin de la saturation, surtout vers la fin de l'incubation, à laquelle époque le calorique, élevé jusqu'à 20 degrés, donnerait aux coquilles une dessécation nuisible, et rendrait impossible la percée de l'œuf. Voici, en peu de mots, les principes invariables et les procédés indispensables pour produire une bonne éclosion. Ainsi, quelque soit le procédé qu'on emploie, quelque soit l'instrument dont on se sert pour l'incubation, si l'on ne peut placer les œufs dans les conditions ci-dessus prescrites, la réussite est impossible.

Avant d'entrer dans quelques détails pratiques, bons à connaître pour se servir avantageusement de l'incubateur Buisson ou de la couveuse de Crest, ou des chambres à incubation, je crois utile de signaler ici les divers inconvénients qui résultent des modes plus ou moins vicieux d'incubation que la routine a invétérés partout.

Excepté chez quelques éducateurs en progrès, qui ont senti l'importance de cette opération, l'incubation se fait encore chez presque tous nos habitants des campagnes comme elle se faisait y a un siècle. On place les œufs dans un sachet, et les femmes se transforment pendant quelques jours en couves. Les unes portent les œufs sur elles, d'autres les mettent dans leur lit. La chaleur du corps on du lit met en action le fluide spermatique, l'embryon se développe et éclot ; mais à combien de chances défavorables ces œufs ne sont-ils pas soumis : les *femmes couveuses* vont, vien-nent et se livrent à leurs travaux habituels ; il s'émane de leurs corps tantôt une chaleur normale, tantôt une chaleur excessive, suivant l'atmosphère où elles se trouvent, ou suivant les courses ou le travail auxquels elles se livrent. Les œufs passent souvent plusieurs fois dans le même jour, d'une température de 18 à 20, à une chaleur de 25 à 30 degrés ; et dans la nuit, soit qu'ils soient dans un lit, soit que la couveuse les porte encore, cette tempéra-ture subit les variantes que lui impose le nombre des couvertures du lit et l'état de santé de la couve, sans hygrométrie. Tout le monde sait que le corps d'un homme ou d'une femme, dans cer-tains moments de surexcitation, peut atteindre et dépasser 30 degrés Réaumur, et cette surexcitation peut être produite soit par le travail, soit par la maladie, soit par toute autre cause. Comment est-il possible que l'éclosion soit heureuse, lorsque d'aussi brus-ques transitions, lorsqu'une température si élevée a pu être don-née à un insecte aussi délicat, lorsqu'on a si gravement dévié aux règles invariables qui doivent présider à son développement et à son éclosion ? D'autres personnes mettent leur nouet ou sachet plein d'œufs dans leur lit, et maintiennent la chaleur du lit pen-dant le jour à l'aide d'une bouteille ou d'une cruche pleine d'eau chaude ; aucune d'elles ne s'assure du degré de chaleur que la cruche procure au moment où elles la placent dans le voisinage des œufs. Cette chaleur, si l'eau était bouillante, est au moins, même au travers d'un matelas, de 40 à 45 degrés pendant quel-ques instants, et lorsque l'eau est complètement refroidie, les œufs se trouvent à la température normale de l'appartement, qui souvent n'est pas de 10 degrés. Ainsi les œufs, au lieu d'avoir une température uniforme, dont l'accroissement progressif marche de pair avec le développement de l'embryon, ont, au contraire, par moments une température excessive, décroissant jusqu'à un certain point, laquelle est brusquement remplacée lorsqu'on renouvelle la cruche d'eau, ou lorsqu'on se couche, par une autre plus ou moins forte ; de sorte que depuis la mise à incubation jusqu'à l'éclosion, chaque jour amène une série de transitions du chaud au froid, plus ou moins brusques et plus ou moins fortes. Il y aurait un volume à écrire sur les vices et les inconvénients de ces divers modes d'incubation que la routine a consacrés; mais avec la connaissance des vrais principes, ceux que je viens de signaler suffisent, je crois, pour dégoûter de cette routine.

Avant d'introduire les œufs dans l'incubateur, couveuse ou étuve, il convient de régler la température et l'hygrométrie de son atmosphère intérieure. Cela fait, si les œufs sont sur linge, on tend les linges sur les étagères de la couveuse, ou, ce qui est mieux, si les linges, comme cela doit être, ont la dimension intérieure de l'appareil, ils forment eux-mêmes ces étagères en les fixant sur leurs quatre faces à un cadre qui les tend. Si les œufs sont détachés, ils sont placés dans de petites boîtes en bois ou en carton ; dans ce cas, la couche des œufs ne doit pas dépasser deux ou trois millimètres d'épaisseur. Vers la fin de l'incubation, c'est-à-dire aussitôt que les premiers avant-coureurs annoncent l'éclosion, on place sur chaque boîte ou linge un papier criblé de trous, ou un canevas très clair. Ces papiers ou canevas doivent avoir une dimension exactement pareille à celle du linge ou de la boîte d'œufs L'utilité de ces treillis est trop connue pour en parler ici.

Pour maintenir une température uniforme et progressivement croissante, les lampes à huile ou à esprit de vin suffisent dans les incubateurs ou couveuses. L'entretien uniforme de leur flamme donne tout naturellement cet accroissement progressif de calorique, et le produirait même trop vite si l'on n'y remédiait pas de temps en temps par l'introduction de l'atmosphère extérieure. Il convient donc de surveiller ce chauffage afin de le maintenir

dans les limites qu'il ne doit pas franchir. Quant à l'hygrométrie
que l'on procure à l'aide de l'eau mise en évaporation par le
chauffage de l'appareil, elle peut se régler parfaitement, soit en
procurant à cette vapeur d'eau, en cas d'excès, une issue parti-
culière qui l'isole des œufs, soit en supprimant momentanément
les vases qui contiennent l'eau. Ces précautions sont rarement
nécessaires, le degré hygrométrique, fût-il à l'état de saturation,
ne nuirait pas à l'incubation jusqu'au moment de l'éclosion. Dans
les chambres chaudes ou étuves dont on se sert pour l'éclosion,
il est bien difficile de maintenir ce degré hydrométrique d'une
manière uniforme et constante, à moins que le foyer dont on se
sert pour chauffer la pièce, ne produise de la vapeur d'eau dont
l'atmosphère de l'étuve doit constamment être imprégnée. Dans
la couveuse de Crest, les courants d'air intérieurs, provoqués par
la forme spéciale de l'appareil, doivent singulièrement atténuer
les effets de l'hygrométrie produite par la transudation de l'appareil; aussi je conseille à ceux qui s'en servent de produire autour
de l'appareil cette vapeur d'eau, afin qu'entraînée à l'intérieur
par les courants qui le traversent constamment, elle remplace
celle qui y manque.

Telles sont à peu près les notions théoriques et pratiques qu'il
est utile de posséder pour se rendre exactement compte des évé-
nements. Ce chapitre, quoiqu'un peu long, aurait pu l'être bien
davantage si, au lieu de me borner à combler une lacune, j'avais
joint à ce que j'ai écrit les diverses opinions des auteurs qui ont
traité le sujet avant moi; mais il est des banalités si souvent dites,
que ce serait allonger inutilement un ouvrage, et le rendre fasti-
dieux en les répétant. Aussi, jusqu'à la fin de cet opuscule, je
glisserai rapidement sur ce qui est accepté et connu de tout le
monde, et si quelquefois je me livre à une dissertation un peu
longue, c'est parce que la question est restée obscure ou contro-
versée, ou parce que le sujet n'aura pas encore été traité. Dans
le cours du chapitre qui va suivre peu de choses sont restées à
dire. Le ver-à-soie à l'état de chenille a pu être étudié à fond;
aussi, à l'exception de quelques procédés de manipulation rati-

que qui m'ont paru supérieurs à ceux que l'on a prescrit jusqu'à présent, ce chapitre sera bref, et contiendra très succinctement ce qu'il est indispensable de savoir pour conduire le ver-à-soie jusqu'à sa dernière période d'existence de chenille.

CHAPITRE III.

§ Ier.

DE L'ÉCLOSION A LA PREMIÈRE MUE.

La veille de l'éclosion générale, quelques avant-coureurs l'annoncent; on considère généralement ces avant-coureurs comme des vers-à-soie trop hâtifs et mauvais; telle n'est pas mon opinion; si quelque hasard heureux leur a permis d'atteindre leur accroissement, et sortir de la coque vingt-quatre heures plus tôt que la masse, ce n'est pas le manque de vigueur et de santé; je considérerais plutôt comme faibles et mal portants les derniers éclos, pour lesquels il est plus probable qu'un accident ou un manque de force a retardé l'éclosion. En thèse générale, les accidents retardent plutôt que de hâter le développement d'un être quelconque. Si le conseil de les jeter a quelque valeur, ce n'est que parce que dans une petite quantité d'œufs, le nombre de ces avant-coureurs est trop petit, pour qu'il vaille la peine de leur donner des soins à part. Les époques de leurs mues devançant toujours celles de la masse, si leur nombre n'en vaut pas la peine, c'est un surcroît de soin dont on fait bien de se débarrasser. Mais lorsqu'on recueille les avant-coureurs d'une grande quantité d'œufs, cela en vaut la peine, et je puis affirmer, d'après bon nombre d'expériences que j'ai faites là-dessus, que ces vers hâtifs sont toujours plus lestes, plus vigoureux que ceux provenant de la fin de l'éclosion lorsqu'elle dure trois jours. Je conseille donc de les conserver, si, toutefois, cela en vaut la peine; mais il faut bien se garder de les mélanger avec ceux qui éclosent après; ils ne seraient nullement d'accord avec eux pour les époques de leurs diverses transformations qui, pour chaque série, doivent être les mêmes, et autant que possible, instantanées.

Vingt-quatre heures après l'avis donné par les avant-coureurs si les œufs étaient bien conservés, et si l'incubation a été faite conformément aux prescriptions qui précèdent, l'éclosion est souvent instantanée et générale, ou tout au moins les deux tiers des vers sortent de leur coque.

Si les œufs ont été détachés des linges et entassés, en quelques minutes les feuilles, que l'on a mises sur le treillis, sont suffisamment garnies. Il convient de les enlever au fur et à mesure qu'elles sont couvertes d'une assez grande quantité de vers ; le nombre des levées doit être proportionné à la force de l'éclosion : dans ce cas, il serait avantageux d'avoir des papiers percés de rechange, et de les renouveler à chaque levée ; lorsque l'éclosion a lieu sur linge, cette précaution est inutile, chaque éclosion, fût-elle complète, ne fournit pas une trop grande quantité de vers pour l'espace que le linge occupe. Il ne faut pas oublier que le récipient nouveau, dans lequel on met les vers-à-soie, doit avoir une surface quatre fois plus grande que celle qu'ils occupent au début ; cet espace est nécessaire pour ne pas avoir à les dédoubler avant la mue. Inutile de répéter ici que les vers provenus de chaque période d'éclosion doivent être mis à part.

La température de la pièce dans laquelle on place les vers-à-soie nouveaux-nés, doit être au début, la plus voisine possible de celle de l'incubateur ou étuve dans laquelle ils sont éclos, et après vingt-quatre heures, on peut graduellement l'amener à 18 ou 19 degrés.

Huit repas sont nécessaires pendant cette première période. La distribution de la feuille doit être uniforme ; cette uniformité dans la distribution a le double avantage de maintenir les vers à une distance uniforme et de les nourrir également, ce qui produit des mues instantanées et générales.

Un délittement est nécessaire le quatrième jour, il se fait à l'aide d'un papier percé ou d'un tulle grossier. Le septième jour,

ou, pour mieux dire, lorsque la moitié des vers se sont placés
pour opérer leur mue, ou pour m'exprimer plus vulgairement,
lorsque la moitié dorment, ce qui se connaît à leur tête enflée et
transparente et à leur position fixe, il convient d'opérer un dédoublement; à l'aide d'un tulle ou d'un papier percé sur lequel
on distribue de la feuille, tous ceux qui ne dorment pas encore (1)
montent sur le treillis, et après deux distributions, on les enlève
et on les change de corbeille, si toutefois on s'en sert pour le début de l'éducation. On cesse tout-à-fait de donner à ceux qui
n'ont pas grimpé, et l'on continue pour les autres jusqu'à ce
qu'on en aperçoive quelques-uns d'éveillés; mais la distribution
doit être, à mesure qu'on approche de ce moment, de plus en
plus parcimonieuse.

Cette méthode de dédoubler les vers à cette époque, a, sur
celle généralement usitée, qui consiste à les dédoubler après la
mue, un immense avantage. En effet, lorsque les plus hâtifs sont
endormis, et qu'il en reste la moitié qui mangent encore, on continue de distribuer de la feuille pendant 24 ou 48 heures. Les premiers endormis sont couverts de plusieurs couches successives de
feuilles, privés d'air, et souvent au milieu d'une fermentation fé-
tide, au moment où ils auraient le plus besoin d'une atmosphère
libre et pure. S'ils n'y périssent pas, ils y contractent souvent de
graves maladies que j'indiquerai ultérieurement; toujours est-il
que, dans leur jeune âge surtout, une quantité plus ou moins
grande périt à cette époque, et par le fait que je signale. Le dédoublement fait à mi-terme de la mue, est trop avantageux pour
ne pas l'adopter. Dans les première mues il se fait à l'aide de papier percé ou de tulle; dans les autres, on se sert des filets ordinaires ou de papiers percés plus grands. La recommandation que
je fais ici pour la première mue, est commune à toutes les autres,
je me dispenserai donc d'y revenir.

Lorsque la mue est achevée, ce qui se reconnaît au changement
de couleur des vers, qui, de jaunâtres qu'ils étaient, prennent une

---

(1) Je me servirai à l'avenir de ce terme, usité partout.

couleur gris de lin cendré, et s'agitent et courrent pour chercher
de la feuille ; lorsqu'enfin l'on a peine à en découvrir quelques-
uns qui n'aient pas mué, on place sur eux un filet ou un papier
percé, et après deux distributions on les délite. Cette opération
doit être faite le plus tôt possible après la mue ; les émanations des
litières, par rapport aux dépouilles des vers qui s'y trouvent mê-
lées, ainsi que quelques cadavres, deviendraient pestilentielles.

M. de Boulenois, dans un ouvrage récent, indique ce mode de
dédoublement pour des vers d'âge inégal, afin de les séparer, et
chaque catégorie séparée reste ensuite soumise aux chances défavorables que je viens de signaler ; les vers les plus égaux mettent
au moins trente-six heures, entre les premiers endormis et les premiers éveillés ; dans cet intervalle, sept ou huit couches successives de feuilles couvrent les premiers endormis et peuvent les
placer dans de très mauvaises conditions, il est donc indispensable d'obvier à cet inconvénient par le dédoublement dont je parle.
Si les vers étaient excessivement épais, il est même prudent d'y
procéder deux fois.

L'hygrométrie de l'atmosphère où sont placés les vers à soie,
est bien difficile à prescrire d'une manière positive. Les auteurs
qui ont traité la matière, donnent à cet égard des prescriptions
absolues. D'après eux, l'hygromètre doit constamment marquer 50
à 60 degrés, ce qui veut dire que le degré hygrométrique doit tenir
le milieu entre une atmosphère sèche et celle à l'état de saturation.
Aucun d'eux ne dit pourquoi 50 degrés conviennent mieux que 30
ou 40, et, je l'avoue franchement, je ne sais pas dans quel but cette
prescription faite pour toutes les phases de l'éducation, sans variantes, est de 50 ou 60 degrés toujours ; cela n'est pas raisonnable.

Le degré hygrométrique ne doit pas toujours être le même ; il
doit, à diverses époques, subir des variations considérables, selon la
position dans laquelle se trouvent ces insectes. Pour bien expliquer et faire comprendre cette nécessité de varier le degré hygrométrique, je suis obligé d'entrer ici dans quelques détails
physiologiques et anatomiques, concernant les diverses mues ou

transformations des chenilles, et dire ce qui se passe lors de ces transformations.

Le ver-à-soie est, comme tous les lépidoptères, soumis à divers changements de peau ou mues. Avant de parvenir à l'état d'insecte parfait, il se débarrasse six fois de son enveloppe. Les causes qui déterminent ce changement de peau sont très essentielles à connaître.

Le corps du ver-à-soie offre sur ses deux côtés, près de la base des pattes, des trous ou stygmates. Ces trous ou stygmates lui servent d'organes respiratoires, et c'est également par ces trous, qu'à défaut d'organes urinaires, se dégage l'excédent d'humidité qui lui provient des aliments.

Ces stygmates ont dans tous les âges, depuis sa naissance jusqu'à son plus grand accroissement, une dimension proportionnelle à sa grosseur, c'est-à-dire qu'à chaque période, à son début, es stygmates ont une dimension donnée, qui ne change qu'à la mue suivante. Le volume de l'insecte double et triple, sans que les stygmates augmentent de dimension. Les aliments qu'il prend doublent et triplent de quantité ; l'humidité qui s'en dégage augmente dans la même proportion, et ces stygmates finissent par devenir insuffisants pour l'en débarrasser. Dès lors cet excédent d'humidité produit une espèce d'hydropisie qui détache la peau, et détermine la mue.

Hors, au moment où l'insecte est surchargé d'humidité, au moment où cette abondance d'eau détermine chez lui une hydropisie, faut-il encore augmenter autour de lui le degré hygrométrique de l'atmosphère ? Je ne le pense pas.

L'hygrométrie strictement nécessaire pour rendre l'air respirable doit suffire. Après la mue surtout, lorsque sa peau nouvelle, encore imprégnée d'eau, sa tête et ses mandibules tendres, ont besoin de chaleur sèche pour acquérir de la consistance, ne serait-il pas inconvenant d'entourer cet insecte d'une atmosphère humide. L'expérience, du reste, m'a prouvé que les claies les plus élevées, celles où l'hygromètre signalait l'absence presque totale d'humidité, étaient celles où la mue était la plus rapide et la plus parfaite.

L'époque des mues n'est pas la seule où l'absence d'hygrométrie est nécessaire. Vers la fin du quatrième âge, lorsque les vers-à-soie se disposent à la montée, à cette époque aussi, les stygmates ont une dimension proportionnellement inférieure à la grosseur de l'insecte; ses excréments l'annoncent par l'humidité qu'ils contiennent; c'est alors, si l'atelier est humide, que l'on voit apparaître, en grand nombre, ces vers hydropiques que l'on nomme *gras* ou *porcs*. Une atmosphère très sèche est alors nécessaire, jusqu'à la fin, et pendant la montée l'on doit lutter par tous les moyens possibles contre l'humidité, qui à cette époque est la cause unique des désastres.

D'après ces notions, les prescriptions quant au degré hygrométrique, sont faciles; la fixer uniformément pendant toute la durée de l'éducation ne serait pas raisonnable. Comme il est impossible, avec l'imperfection des instruments que nous possédons, d'en préciser le degré, je dois me borner à conseiller aux éducateurs de veiller à ce que l'atmosphère de l'atelier soit toujours assez imprégnée d'humidité pour être parfaitement respirable, et l'on peut juger de cet état sans instruments de physique; mais à l'époque des mues il convient de diminuer le degré hygrométrique de moitié, et le faire entièrement disparaître au moment de la montée.

§ II.

DE LA PREMIÈRE MUE A LA DEUXIÈME.

C'est après la première mue que l'on peut juger d'une manière positive, le plus ou moins d'égalité d'âge qui existe entre chaque fraction de la chambrée, et c'est à cette époque où il faut commencer à travailler à faire disparaître toute disproportion d'âge entre eux. Ce but doit se poursuivre à chaque mue jusqu'à la fin, l'instantanéité de la montée est de la plus haute importance.

Plusieurs causes contribuent à dépareiller les vers; l'inégalité de température et le manque d'espace. Lorsque les vers sont trop épais, il est impossible que l'alimentation soit égale et régulière pour tous.

Pour obvier à ces inconvénients, il convient, soit au début de l'éclosion, soit à chaque mue, de placer les premiers éclos, et plus tard les premiers éveillés, dans la partie la moins chaude de l'atelier, et les retardataires dans la partie la plus chaude ; il faut également donner à ceux-ci un repas de plus par jour, de sorte que les retardataires recevront sept repas au lieu de six auxquels ils doivent être réduits pendant cette période ; dans chaque série, éclose en même temps, il y a toujours, quoiqu'on fasse, une différence de vingt-quatre heures, entre les premiers endormis et les derniers. Le dédoublement que j'ai prescrit plus haut a pour but de faciliter la mue, et de ne pas placer dans de mauvaises conditions les plus hâtifs, mais il ne change rien à cet état de choses ; il n'y a qu'un moyen de leur rendre cette parité, c'est celui que j'indique plus haut : la différence de température et le nombre des repas. On doit même faire jeûner les hâtifs au sortir de la mue ; douze heures de retard apportées à la distribution du premier repas, ne nuiront en rien à leur vigueur, il est cependant un cas dans lequel on ne saurait trop se hâter de les enlever à la litière sur laquelle la mue s'est opérée, c'est celui où cette litière serait en fermentation. Ce cas se présente souvent, lorsqu'on ne procède pas au dédoublement que je prescris au début de la mue ; si les vers ont été tenus très épais, il faut quelquefois trente-six heures et même quarante-huit, pour que tous les vers de la même série s'endorment, et comme on continue les distributions de feuilles jusqu'à la fin, on entasse une masse de litière, dont la fermentation est inévitable. Au moyen du dédoublement que je prescris, cette masse de litière se divise en deux, et la litière des retardataires séparés, se réduit à une faible couche de cinq à six repas au plus.

Après le dédoublement, les vers qui restent sur la litière ne doivent plus recevoir de feuilles ; si ce dédoublement a eu lieu un peu trop tard, les vers séparés sont très clairs ; alors, avant de leur distribuer un nouveau repas, on les serre les uns contre les autres, soit en doublant leur litière, soit de toute autre manière, et on les réunit en bande sur le centre de la claie où on les a placés ; de cette manière, lorsque la mue est achevée, on les délite, et ils se trouvent placés pour la période suivante. Si l'on a réussi à procéder au dédoublement à temps, les vers se trouvent divisés en deux parties égales ; il reste alors à chacune d'elles sur la claie où ils se trouvent l'espace suffisant pour parvenir à la mue suivante. Le délitement après la mue ne doit se faire que lorsqu'on a peine à apercevoir quelques vers non éveillés ; il est inutile de conserver ces retardataires, un trop grand retard dans la mue étant un indice certain de faiblesse ou de maladie.

Trois jours après le délitement qui a suivi la mue, un second est nécessaire, il ne faut pas oublier que cette période est la plus courte ; le cinquième jour, au plus tard, la mue commence, et l'on ne doit pas négliger l'époque du dédoublement. Les autres périodes sont plus longues de deux jours, en supposant la température toujours égale. On peut, vers la fin de cette période, amener la température à 17 ou 18 degrés, et la maintenir là jusqu'à la fin.

Le temps qui s'écoule entre une mue et l'autre, peut être considérablement abrégé ; il ne s'agit que d'élever la température et multiplier les repas. Cette manière de procéder a récemment trouvé de nombreux partisans. Le système d'éducation hâtive a été l'objet d'une multitude d'essais, qui partout ont abouti à prouver que ces insectes, comme tous les êtres qui peuplent la terre, ont une manière d'exister et une progression d'accroissement déterminée, desquelles il n'est pas rationnel de les faire dévier. L'excès en tout est un écueil : l'excès de la chaleur nécessite une alimentation continuelle ; les aliments se succédant sans interruption, se chassant, pour ainsi dire les uns les autres, en traversant à la course le corps de l'insecte, peuvent-ils y produire l'effet que l'on doit attendre d'une bonne digestion ? Les sucs que contiennent ces aliments peuvent-ils fournir à ses divers organes, ce que ceux-ci doivent en attendre, lorsque la chaleur excessive en absorbe la majeure partie, et qu'ils se perdent presque tous par la transudation ? Les organes du ver-à-soie, toutes les parties qui composent son corps, doivent prendre un accroissement régulier et progressif ; le suc gommo-résineux, qui chez lui se transforme en soie, doit être digéré à chaque repas. La nature, du reste, nous indique assez comment nous devons procéder. En observant ces insectes livrés à eux-mêmes et placés sur des arbres où ils peuvent manger à discrétion, on voit qu'ils mettent toujours un intervalle entre un repas et l'autre. S'il était avantageux pour eux de manger constamment, il n'est pas douteux que leur instinct les porterait à le faire. Ainsi en fixant à huit le nombre des repas pendant la première période, et à 19 ou 20 degrés la température ; puis en réduisant cette température à 17 ou 18 degrés Réaumur, et le nombre des repas à six, je crois que l'on procède rationnellement.

Une foule de raisons, autres que celles ci-dessus déduites, confirment l'opinion que j'émets ici ; serait-il possible dans un grand atelier de distribuer vingt-quatre, dix-huit, et même douze repas par jour, à moins d'avoir dans l'intérieur un personnel énorme, et lorsqu'on a peine à se procurer la feuille nécessaire à six repas, en employant tous les cueilleurs dont on peut disposer, comment ferait-on s'il en fallait le double ? La marche que j'indique conduit les vers-à-soie à leur dernière période en vingt-six ou trente jours ; ce laps de temps est rigoureusement nécessaire pour que la feuille acquière sa maturité, et l'accroissement de l'insecte a marché de pair avec le développement de la feuille. Avec une éducation hâtive on gagne huit jours, mais on perd un tiers sur le poids de la feuille. Laissons donc de côté ces procédés empiriques, dont je ne signale pas même la moitié des inconvénients, et restons dans un médium raisonnable.

S'il y a du danger à élever trop la température, il y en a aussi à la tenir trop basse. Les éducations à basse température (14 ou 16) présentent une foule de chances défavorables. Il est très difficile, à cette température, de lutter contre l'humidité ; les litières plus abondantes, parce que les vers ont moins d'appétit, sont aussi plus humides et plus sujettes à fermenter ; les vers transudant moins , ont les excréments plus humides et plus fermentescibles ; la durée des divers âges est plus longue, et les mues plus pénibles et moins instantanées ; la ventilation est moins énergique ; enfin il est bien rare de réussir à cette température, à moins qu'au moment de la montée un heureux accident ne vienne en aide. Ainsi , dans tous les climats où l'on est obligé d'élever la température au-dessus de celle de l'atmosphère extérieure , le médium que j'indique est le plus avantageux. Dans les climats chauds , où la température extérieure est , au contraire , trop élevée, il faut , à l'aide de ventilation fraîche , modifier, autant que faire se peut , les effets de cette chaleur excessive. Si j'ai , aux chap. I et II de la 1re partie de cet ouvrage, divisé les magnaneries en catégories et prescrit le mode de construction qui convient à chacune d'elles, c'est afin de pouvoir, dans tous les climats, se maintenir au médium de la température que je prescris.

§ III.

DE LA DEUXIÈME A LA TROISIÈME MUE
ET DE LA TROISIÈME A LA QUATRIÈME.

Tout ce qui se passe pendant ces deux périodes de la vie de l'insecte a été si bien décrit, les soins à lui donner si bien détaillés par les auteurs qui m'ont précédé, que je me bornerai, pour ne pas répéter des banalités mille fois écrites, à indiquer quelques procédés pratiques supérieurs à ceux qu'indiquent mes prédécesseurs.

Le ver-à-soie double de volume de la deuxième à la troisième mue, et triple de la troisième à la quatrième ; l'espace doit donc lui être ménagé dans cette proportion, et les dédoublements pratiqués d'après ces notions. A la deuxième mue, un dédoublement suffit, et, à la troisième, deux sont nécessaires , afin de les diviser par tiers. Ainsi, au lieu d'attendre que la moitié des vers dorment comme dans les deux premières mues, on doit commencer l'opération lorsque le tiers à peu près dort , c'est-à-dire aussitôt

que l'on en aperçoit quelques-uns. Les deux tiers qui sont grim-
pés sur le filet doivent être immédiatement placés sur une autre
claie, et comme un repas ou deux suffisent pour que tous s'endorment, on procédera au second dédoublement à la première ou
seconde distribution de feuilles, suivant la rapidité de la mue. Si
les vers provenant du premier dédoublement sont clairs se-
més sur le filet, ce qui indique qu'on s'y est pris trop tard, le
deuxième dédoublement devient inutile ; il doit être renvoyé au
sortir de la mue. L'essentiel à retenir pour la troisième mue, c'est
que les vers ne doivent occuper au début que le tiers de la claie
sur laquelle on les place, afin qu'ils ne soient pas entassés vers la
fin de cette période. — Les soins à donner de la deuxième à la
troisième mue sont les mêmes que ceux que j'ai prescrits pour le
premier et le second âge, le nombre des repas, le même ; seulement on peut couper la feuille un peu moins fine, et les tenir à
une température d'un degré inférieur sans danger. Un délitement de plus est nécessaire au troisième âge, c'est-à-dire au matin du troisième jour et à la fin du cinquième.

Qu'il s'agisse de déliter ou de dédoubler, il convient de se servir
pour l'opération, de feuille entière bien mondée, à moins que les
treillis ou papiers dont on se sert, ne soient extrêmement fins
dans les premiers âges.

La troisième mue est, de toutes, la plus pénible et celle dont
le ver-à-soie paraît le plus souffrir. C'est aussi à cette époque où
commencent à se déclarer les diverses maladies originelles provenant soit de la mauvaise qualité des œufs, soit des mauvaises
chances d'éclosion. Lorsque cette mue est heureusement fran-
chie, on peut, sauf accident ultérieur, augurer une bonne
réussite.

Il convient donc, pendant toute la durée du troisième âge, de
régulariser la température et l'alimentation, de veiller à ce qu'aucun accident ne vienne augmenter la difficulté de la mue ; car en
dehors des maladies originelles qui peuvent devenir apparentes à
cette époque, il en existe d'autres auxquelles une mue opérée
dans de mauvaises conditions peut donner lieu. Les vers, dans cette

période principalement doivent être tenus clairs, leurs litières doivent être sèches et sans la moindre fermentation, et le dédoublement que j'ai prescrit plus haut, fait avec le plus grand soin. Une distribution ou deux de feuillée mouillée ou trop froide vers la fin de cette période suffisent pour altérer leurs organes, et peuvent amener les plus graves accidents. La moindre transition atmosphérique du chaud au froid ou du froid au chaud, doit être évitée avec le plus grand soin. La température doit être maintenue, comme dans tous les âges, à un degré uniforme, afin que la transudation le soit aussi, et il serait opportun de l'augmenter insensiblement d'un degré lorsqu'on approche de la mue. J'ai remarqué à cette mue, que les vers prenaient la tête et le corps proportionnellement plus enflés que dans les autres, ce qui m'a fait penser que leur hydropisie était plus abondante. C'est, sans contredit, cette cause qui rend la mue plus pénible, et c'est pour combattre les effets de cette surabondance d'humidité, que je recommande d'avoir recours à une atmosphère un peu plus sèche et à une température un peu plus élevée.

Après la troisième mue, le délitement s'opère comme à toutes les mues, quelques heures après que la totalité des vers sont éveillés. Ce délai est nécessaire pour donner au corps de ces insectes le temps de prendre de la consistance, et à leurs mandibules, celui de se raffermir. A cette mue, plus qu'à toute autre, il ne faut pas se hâter de leur donner à manger, et les premiers repas doivent être peu copieux.

Si, comme je l'ai dit plus haut, ils ont traversé cette mue heureusement, les soins que l'on doit leur donner pour arriver à la quatrième sont également importants, mais ils sont moins minutieux; c'est à cette époque et pendant cette période, que l'on appelle communément, *la petite Briffe*, que la manipulation de l'atelier commence à nécessiter une augmentation du personnel, soit à l'intérieur soit à l'extérieur.

On peut cesser de couper la feuille; quatre repas par jour à la rigueur suffisent, et font durer cette période 9 jours, (à 16 ou 17 degrés Réaumur). J'aimerais mieux cinq repas aux premiers éveillés et six aux derniers, avec une température d'un degré de plus afin de la réduire à 7 ou 8 jours ; cette dernière prescription, du reste, n'a de valeur qu'autant que la feuille n'a été attardée par aucun accident météorologique, et que son développement a marché de pair avec l'accroissement de la chambrée, autrement, il est prudent, toutes les fois que la feuille est attardée, de ralentir la marche de la chambrée, par l'abaissement de la température et par la diminution du nombre des repas. Toutefois, cette transition de température, doit être lente et progressive, et ne doit pas dépasser 15 ou 16 degrés, de même que la suppression de plus d'un repas doit nécessiter au moins deux jours. La même progression doit être observée lorsqu'on veut ramener l'atelier à son état normal.

Dans les climats chauds et les climats tempérés, que j'ai placés dans la première et troisième catégorie (chap. 1ᵉʳ de la première partie), cette prescription est un hors-d'œuvre ; dans la première catégorie, le développement de la feuille, quelle que soit la marche de la chambrée, dévance toujours son accroissement. Aussi, convient-il, dans cette catégorie de climat, de marcher de pair avec la température forcée de l'atelier, qui, malgré la ventilation fraîche, s'élève souvent à 24 et 25 degrés; dans ces cas qui ne sont pas rares, si l'on joignait à une ventilation fraîche , forcée , de fréquentes distributions de feuilles humides et de constants délittements, on arriverait vite, il est vrai, mais aussi sûrement que partout ailleurs.

Dans les climats tempérés (variant de 16 à 22, sans chauffage), comme cette température est celle du pays d'où le ver-à-soie est originaire, en lui fournissant des aliments selon son appétit, on le conduit à l'état de chrysalide en 24 jours , mais dans les climats variables et dans les climats frais, la température dépassant rarement le médium des climats chauds, et se trouvant souvent au-dessous, il est raisonnable de prescrire une manière de faire qui s'harmonise avec les variantes de la température.

De la troisième à la quatrième mue , quatre délittements sont nécessaires, y compris le premier qui suit la mue. Un seul dédoublement suffit, et ce dédoublement qui est le dernier, est celui auquel on doit donner le plus d'attention, afin de diviser les vers exactement en deux parties égales. Il est d'autant plus essentiel de saisir le médium de la mue pour l'opérer, qu'il ne reste plus que huit jours après pour avancer les retardataires, et les faire arriver en même temps que leurs devanciers. La montée est toujours plus ou moins désastreuse, lorsqu'elle n'est pas instantanée, c'est-à-dire là où elle ne s'effectue pas en 48 heures.

§ IV.

DE LA QUATRIÈME MUE A LA CHRYSALIDE.

Avant de procéder au délittement qui suit la mue, il faut attendre qu'elle soit complète, il n'y a aucun avantage à se presser trop. La quantité de vers qu'on peut laisser dans les litières, nous font souvent regretter trop de précipitation. Les vers-à-soie ont, du reste, besoin, après cette pénible opération, d'un certain laps de temps pour se remettre, et leurs organes, tendres et délicats, ont besoin de recevoir de l'atmosphère la consistance et la fermeté nécessaires.

Bon nombre d'éducateurs attendent quelquefois vingt-quatre heures avant de faire ce premier délittement, et cela dans le but de rallier quelques traînards. Ceci est une faute grave, et peut avoir pour la chambrée, les suites les plus désastreuses.

Cette vieille litière, sur laquelle ils entassent une nouvelle litière provenant des quatre ou cinq repas qu'ils distribuent, recèle quelques cadavre, et les dépouilles de tous; n'eût-elle aucune disposition à fermenter, que la putréfaction de ces cadavres et des dépouilles lui en donnent le principe en quelques heures, et les effets de cette fermentation putride sont on ne peut plus dangereux. C'est à ce genre de fermentation et à l'atmosphère qui s'en dégage, que nous devons une maladie épidémique bien cruelle, le *typhus*.

Ainsi donc, aussitôt que la mue est complète, on doit apposer les filets, et procéder au délittement aussitôt après la distribution du second repas. Le premier doit être léger : ces insectes, en sortant de la mue, sont encore faibles, et leur estomac pourrait souffrir d'un repas trop copieux.

Les vers doivent être uniformément placés sur les claies. Il doit y avoir entre eux autant de vide que de plein, c'est-à-dire qu'entre deux, il doit y avoir la place d'en loger un troisième.

L'uniformité de la distribution de la feuille est chose très essentielle, point de tas nulle part, et sur tous les points de la claie on doit en distribuer une égale quantité. Pour simplifier cette distribution et la rendre plus uniforme, une personne doit toujours suivre les donneurs qui, malgré l'attention qu'ils y mettent, forment toujours, malgré eux, quelques agglomérations de feuilles et quelques lacunes, et détruire ces agglomérations et s'en servir pour boucher les trous.

Pendant toute la durée de cette période jusqu'à la montée, les délittements doivent être journaliers, surtout si l'on distribue plus de cinq repas. Le nombre des repas, dans tous les cas, doit être proportionné à la température de l'atelier. De 16 à 17 degrés quatre repas suffisent ; de 18 à 20 degrés, six sont au moins nécessaires.

Au fur et à mesure que les vers grossissent, l'espace dont ils ont besoin augmente. Sitôt qu'ils deviennent trop épais, il faut procéder au dédoublement, à l'aide des filets, c'est chose facile. On plie les filets en double ou en triple dans le sens longitudinal, et l'on enlève, à l'aide d'une planche sur laquelle on pose le filet, le tiers ou la moitié de chaque claie que l'on porte ailleurs.

Au fur et à mesure que ces insectes approchent du terme de leur existence de chenilles, la quantité de nourriture qu'ils prennent augmente, ainsi que la quantité des substances acqueuses que cette nourriture contient, et l'humidité provenant de leur transudation augmente aussi proportionnellement. Tout le monde sait que ces insectes, privés de voies urinaires, sécrètent par leurs stygmates cet excédent d'humidité, et que c'est à l'état de vapeur qu'ils s'en débarrassent. Mais cette vapeur n'est plus le produit de la volatilisation d'une eau pure, c'est un gaz combiné, dans la composition duquel entrent diverses substances auxquelles la fermentation indispensable à la digestion donne un caractère délétère. Sa combinaison avec l'atmosphère de l'atelier a pour effet de dénaturer complètement cette atmosphère, dont le chauffage raréfie déjà les bonnes qualités. Il est donc de la plus haute importance de pallier les fâcheux effets de ces émanations dangereuses, auxquelles se joignent toujours celles des excréments et des litières. Une ventilation énergique est le seul palliatif. L'atmosphère de l'atelier doit être constamment renouvelée, et l'air qu'on y introduit d'un côté doit rapidement le traverser et s'échapper de l'autre, afin qu'il entraîne après lui ce principe incessant de corruption.

A mesure encore que ces insectes approchent de leur fin, leur corps grossit énormément ; mais, comme je l'ai expliqué précédemment, leurs stygmates n'augmentent pas de dimension, et leur insuffisance à transuder la quantité énorme de substances acqueuses qu'ils avalent se fait sentir ; dès lors leurs excréments, naguère secs et fermes, deviennent mous et humides ; leur corps, d'un blanc mat et opaque, devient clair et transparent ; l'appétit qui, hier encore était prodigieux, diminue et cesse tout-à-coup ; il fuit la feuille, sa présence l'inquiète, il cherche un point isolé où il puisse respirer à l'aise et se débarrasser soit en transudant, soit en le déjectant par le tube intestinal, l'excédent d'eau qui le gêne ; dès-lors les litières deviennent humides et fétides, l'atmosphère de l'atelier est voisin de la saturation. Mais l'insecte, après s'être débarrassé d'une très faible portion de l'eau que son corps contient, s'agite de nouveau, son inquiétude augmente ; lui, naguère si paresseux, et qui avait peine à se mouvoir et à parcourir l'espace de la longueur de son corps, si ce n'était pour courir après une feuille, devient un intrépide voyageur, il franchit les uns après les autres ceux de ses frères qui se trouvent sur son passage, de temps en temps il s'arrête, et comme le font tous les aveugles, il agite à droite et à gauche sa tête diaphane, il tâtonne enfin, pour savoir s'il n'existe pas à sa portée une plante, une brindille, un moyen d'ascension quelconque, qui lui permette de fuir cette feuille qu'il déteste, et cette atmosphère humide si nuisible à sa position actuelle. Si le bonheur lui fait rencontrer cet objet qu'il cherche, il s'en empare sans hésiter, il grimpe avec résolution jusqu'à ce qu'un obstacle l'arrête dans son ascension, ou jusqu'à ce que, pressé d'en finir avec son existence de chenille, il trouve un lieu convenable pour y jeter les bases de l'édifice qui doit le soustraire pendant son sommeil à la voracité de ses ennemis. L'instinct admirable de cet insecte ne doit-il pas nous guider dans les mesures à prendre pour le seconder.

L'humidité, à cette époque décisive, est sans contredit le plus cruel ennemi du ver-à-soie; c'est elle qui amène les désastres dont on a si souvent à se plaindre, et c'est pour la fuir que la nature lui a donné l'instinct de grimper pour opérer sa métamorphose. Il convient donc de recourir à cette époque à tous les moyens dont on peut disposer pour doubler l'énergie de la ventilation, et faire disparaître cet excès de l'humidité. L'atmosphère la plus sèche possible, doit être procurée à l'atelier; l'enlèvement des litières et le maintien rigoureux de la propreté sont également de rigueur.

Ce n'est pas seulement au commencement de cette période d'ascension qu'il faut maintenir une ventilation énergique et une atmosphère sèche, jusqu'à ce que ces insectes aient achevé leur travail, c'est-à-dire pendant quatre ou cinq jours au moins; cette prescription est rigoureuse. Au commencement, au médium et à la fin de leur travail, les vers déjectent de l'humidité, et se débarrassent d'une quantité énorme d'un liquide que contient leur estomac et leur tube intestinal. Par les filières qui servent à dégorger la soie sort l'eau que contient le thorax, par le tube intestinal sort celle que contient le reste du corps, et lors de la transformation, celle qui s'était logée entre la peau primitive et la nouvelle qui enveloppe la chrysalide, se dégage encore au moment de l'opération. L'humidité que chaque ver dégage est égale à la moitié du poids de son corps. Qu'on se figure maintenant un atelier contenant plusieurs centaines de mille, et quelquefois

plusieurs millions de vers-à-soie pesant chacun six grammes environ, et l'on se fera une idée du degré d'humidité dont est sur-
chargée l'atmosphère de l'atelier qui, chaque jour, pendant quatre
jours au moins, est imprégnée d'une humidité équivalant au
quart du poids total des vers-à-soie.

Cette humidité excessive a non-seulement l'inconvénient de
rendre pénible et difficile la transformation, et de porter une grave
atteinte aux qualités de vigueur et de santé que nous devons rechercher chez l'insecte parfait dont nous attendons de bons œufs,
mais il a celui d'en faire périr une quantité énorme, et de diminuer la quantité de soie que fournissent ceux qui ne périssent pas.
Le séjour trop prolongé de ces substances aqueuses dans le corps
de l'insecte, a pour effet de dissoudre tout ou partie des pelottes
gommo-résineuses qui fournissent la soie ; cette eau qu'ils déjectent, contient une plus ou moins grande quantité de certains
acides auxquels divers noms ont été donnés. Ainsi quelques auteurs
prétendent qu'elle contient un acide qu'ils appellent *acide urique,*
combiné avec de l'ammoniaque, du calcium, de la magnésie et de
l'acide phosphorique ; d'autres ont nommé le tout l'*acide bom-
bique.* Ce qu'il y a de positif, c'est que ces acides, quels qu'ils
soient, ont une propriété dissolvante dont l'effet se fait sentir sur
les pelottes soyeuses. La décomposition complète ou partielle de
ces pelottes a pour résultat la mort de l'insecte si elle est complète,
et sa putréfaction rapide, et les sujets qui se trouvent dans ce cas
sont ces pourris noirs que nous trouvons aux bruyères. Quant à
la décomposition partielle, elle produit des effets variés, suivant
qu'elle a eu lieu plus tôt ou plus tard, et suivant la plus ou moins
grande quantité de gomme résine que cet acide a mis en disso-
lution.

Lorsque le défaut de transudation fait séjourner dans le corps
de l'insecte, pendant les diverses phases de son existence, un
excès d'humidité, insuffisante toutefois pour le rendre hydropique,
cet excès d'humidité a sur les réservoirs soyeux une action inces-
sante et qui n'en détruit pas toujours la totalité, parce qu'il y aurait mort et putréfaction immédiate, mais qui en diminue la quan-

8

tité, c'est ce qui produit les chiques ou cafignons. Lorsqu'au contraire cette décomposition partielle, par l'effet de ces acides, a lieu au moment de la montée, si elle n'est pas de la moitié, l'insecte peut se transformer en chrysalide après avoir tissé un mauvais cocon; mais si elle est de plus de la moitié, l'insecte meurt à l'intérieur du cocon, y pourrit et adhère à l'une de ses parois qu'il tache. Ces cocons sont les plus mauvais, ils ne peuvent se filer. Je reviendrai, au chapitre 4, sur cette importante question.

Il me reste, pour terminer ce chapitre, quelques mots à dire sur les diverses méthodes de mise en bruyère. Ces méthodes varient à l'infini, et dépendent, soit des routines accréditées partout, soit des systèmes de claies, soit enfin de la température ordinaire de chaque localité.

Ainsi, dans les climats chauds, à température sèche, la mise en bruyère sur place, et pendant que les vers sont encore sur les claies, est générale; dans les climats humides, la mise en bruyère à part, et dans des cages préparées à l'avance où l'on transporte les vers choisis un à un, se pratique encore. Il n'est pas douteux que de cesdeux méthodes la première est préférable à tous égards; cependant elle offre de graves inconvénients dans les moments de pluie et d'humidité extrême. Les vers-à-soie, dans ce cas, sont sans force et sans vigueur; l'ascension est lente et les premiers montés augmentent encore, par leurs déjections, la faiblesse des autres, et en font périr une grande partie, et, à défaut de moyens énergiques de ventilation, la dernière méthode est celle qui donne le moins de perte.

Tous les systèmes de claies se prêtent aux deux méthodes de mise en bruyère; mais je n'hésite pas à préférer la première, en prescrivant, à cette époque décisive, *une température un peu plus élevée, une atmosphère très sèche et une ventilation énergique.* Le triage des vers-à-soie un à un, outre l'inconvénient de nécessiter un personnel énorme, a celui d'en meurtrir une quantité considérable et d'amener des résultats fâcheux.

Le système de claies dont M. Davril est, l'inventeur est à mon avis, ce que nous avons de plus parfait, et celui qui, dans les conditions que j'indique, offre le plus d'avantages. La description que j'en ai faite au chapitre 4 de la 1re partie, me dispense d'y revenir. J'indiquerai néanmoins de quelle manière on doit s'en servir à cette époque.

Les échelles, au lieu d'être accrochées d'une claie à l'autre comme l'indique la notice que j'ai reproduite, peuvent être à peu de chose, de la hauteur qui existe entre deux claies ; dans cette hypothèse, le liteau supérieur qui relie les rayons de l'échelle, est double, c'est-à-dire qu'au liteau qui assemble les rayons entre eux, un second liteau est fixé au centre par une pointe, et à l'aide de deux petits coins on le fait écarter sur les deux bouts, et on l'oblige à presser la claie supérieure, ce qui fixe l'échelle. Mais pour cela il faut préalablement enlever le filet qui est sous les vers, et avoir autant de papiers percés, ou de filets d'une dimension égale à la largeur de chaque cage, afin de pouvoir procéder entre elles au délittement et au nettoiement. Ainsi que je l'ai déjà dit, on doit attendre pour apposer les échelles que la grande masse des vers se décide à monter ; l'apposition prématurée des échelles amène les plus graves inconvénients. L'enlèvement des retardataires, et il en existe toujours, est une chose indispensable ; leur transport dans un pièce sèche et chaude est nécessaire.

Certains éducateurs, et ceux-là sont nombreux, s'imaginent que lorsque l'ascension est terminée tout est fini, et que ce qu'ils ont de mieux à faire c'est de boucher toutes les issues de la magnanerie. Certaines bonnes femmes s'imaginent, qu'une fois aux bruyères, les vers-à-soie veulent être privés de lumière, et à cet effet elles ferment partout et détruisent toute espèce de ventilation ; cette absurdité a pour effet de faire périr avant ou après le complet dégorgement de leur soie, une masse de ces malheureux insectes ; c'est ce qui produit ces noirs pourris aux bruyères, ces cocons auxquels adhère l'insecte décomposé par l'humidité avant sa transformation en chrysalide. L'insecte déjecte son humidité surabondante pendant tout le temps que dure le tissage de son enveloppe, et lorsque ses pelottes soyeuses sont épuisées, ce n'est que quatre ou cinq jours au plus tôt après l'épuisement des pelottes soyeuses, qu'il se transforme en chrysalide. A cette époque encore, la rupture de sa peau de chenille, laisse échapper quelques gouttes de liquide qui se trouvaient entre sa vieille et sa nouvelle enveloppe, et lorsqu'il passe de l'état de chrysalide à celui d'insecte parfait, c'est encore le même liquide qui, à toutes les transformations, se trouve interposé entre une enveloppe et l'autre, qui redonne au cocon une nouvelle humidité. Tout le monde a pu remarquer comme moi, qu'à l'époque des deux transformations, le cocon, de ferme qu'il était devient humide et mou ; il convient donc de maintenir la ventilation la plus énergique pendant les cinq ou six jours qui suivent l'ascension, soit dans l'intérêt de la quantité, soit dans celui de la qualité des cocons.

Ici se terminent les observations que j'ai cru devoir faire sur cette époque si importante de la vie de cet insecte. J'aurais eu bien des choses encore à dire là-dessus, mais j'ai voulu rester fidèle à la prescription que je me suis faite dans le cours de cet ouvrage, celle de ne traiter que les questions obscures ou controversées ou neuves. Le 4e chapitre, qui traite des maladies et qui ne sera pas le moins important, sera prochainement publié avec les 4 chapitres de la première partie ; il sera complété des savantes recherches que fait en ce moment M. Guérin Maineville, et de celles que je vais faire moi-même par ordre de M. le ministre de l'agriculture. Il est bien certain qu'après moi, de nouvelles recherches amèneront de nouvelles découvertes, constateront même quelques erreurs involontaires que j'ai pu commettre ; je saurai gré à ceux de mes concitoyens qui rendront au pays et à moi le service de les signaler.

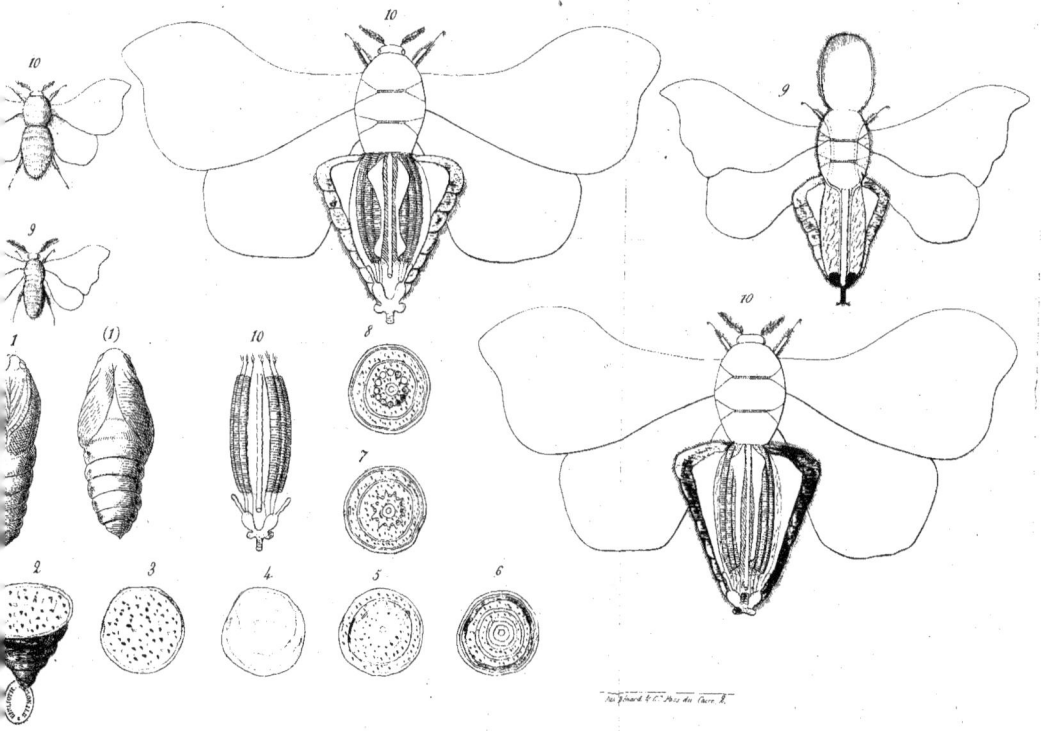

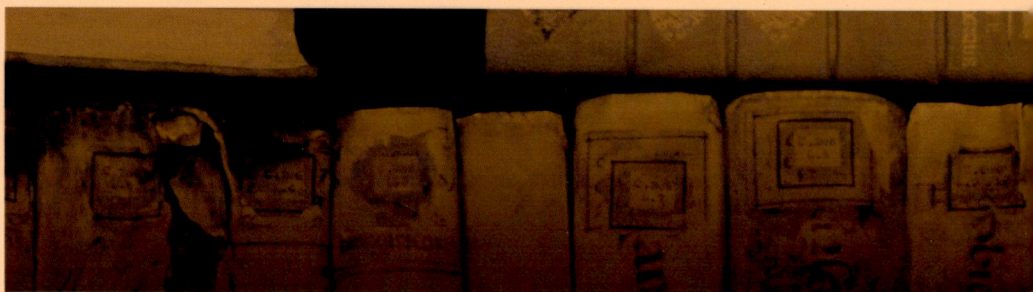

Deuxième partie du "Traité des magnaneries" :
Éducation du ver à soie, ovulation du "Bombix
sericaria" / par J. Charrel,...

hachette LIVRE

{BnF

gallica BIBLIOTHÈQUE NUMÉRIQUE

9 782019 557485